Mucca-Verlag

Thomas Plettenberg
Harztalstraße 39 • 83714 Miesbach
Telefon: (08021) 50 70 20 • E-Mail: info@bayernsalmen.de

ISBN 3-00-011424-6

Impressum

Erstausgabe: Oktober 2003
Copyright: © 2003 by Mucca-Verlag, Thomas Plettenberg, Miesbach
Titelbild: Günther Herein am Spitzing
Texte: © Claudia Funk, Berlin und Adelheid Schmid, Bayrischzell
Textredaktion: Adelheid Schmid, Bayrischzell
Fotos: © Thomas Plettenberg, Miesbach
Gestaltung und Layout: Sabine Ziegler-Musiol, Bad Wiessee
Satz: The Serif, QuarkXPress 4.1
Druck und Bindung:: Druckerei Mayr, Miesbach
Papier: 100% chlorfrei gebleichtes Papier
Printed in Germany

ISBN 3-00-011424-6

THOMAS **PLETTENBERG**

Ein Sommer auf der Alm

Bilder und Geschichten
einer Lebensweise

Inhalt

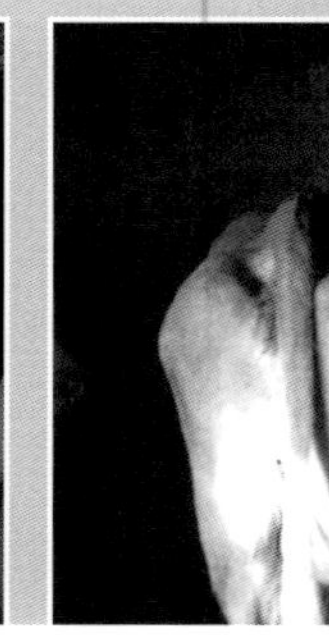

Vorwort

von Thomas Plettenberg

Die Almwirtschaft gehört zu den ältesten Kulturformen der Menschheitsgeschichte. Grund genug, sich eingehend mit ihr zu beschäftigen. Es ist damit aber auch eine Lebensweise verbunden, die eine eigene Faszination ausstrahlt und deshalb konnte ich nicht umhin, ein Auge darauf zu werfen – ein fotografisches Auge!

Bereits lange bevor die Idee zu diesem Buch entstand, führte mich im ersten Ausbildungsjahr eine Fototour zur Kleintiefentalalm und über den neu hergerichteten Steig zum Miesingsattel. Eine Kuh streckte mir ihre Zunge entgegen. Ich verstand es als eine Aufforderung und so wurde daraus das erste Kuhbild. Damit begann meine Leidenschaft für Kühe, die von nun an zum bevorzugten Fotomotiv wurden. Eine große Ausstellung 1998 auf der Spitzingalm war der Höhepunkt meiner „Kuh-Ära“. Helmut Silbernagl als Geschäftsführer des Landwirtschaftlichen Vereins Oberbayern war der Mentor dieser Präsentation.

Ich hatte ihn als Leiter des Landwirtschaftsamtes Miesbach kennen und schätzen gelernt und wenn es um bäuerliche Belange bis hin zum Brauchtum ging, so war er immer der richtige Ansprechpartner. Er war bekannt als engagierter Kämpfer für die Almbauern, darüber hinaus hegte er eine ganz offenkundige Sympathie für mich und meine Kuhbilder, in denen so viel Seele lag, wie er meinte. Der Pfingstsamstag im Jahr 2000 war gewissermaßen der Grundstein für das Buch. Helmut Silbernagl informierte mich über den Almauftrieb vom Litzelauer auf die Petzingalm.

Das erste Bild, das in diesem Zusammenhang entstand, war der langsam dahin trottende Zug von Mensch und Tier, aus der Perspektive des nachfolgenden Betrachters gesehen. Fortan war ich den ganzen Almsommer lang mit Maria und Willi (den Almerern vom Litzelauer) unterwegs und gewann mit den Fotos, die dabei entstanden, den 3. Preis beim Fotowettbewerb Bayern 2000 des Bayerischen Journalistenverbandes.

Eine Bestätigung für mich und ein Ansporn, mehr daraus zu machen. Ein eigenes Buch in Händen zu halten, war schon immer mein Traum. Und so ergab es sich, mit Helmut Silbernagl zusammen diesen Wunsch in die Tat umsetzen zu können. Wir haben viel darüber geredet und kamen schließlich überein, dass es eine umfassende Bild-Text-Dokumentation der noch bewirtschafteten oberbayerischen Almen werden sollte; denn Vergleichbares gab es noch nicht. Die Materialsammlung im Sommer 2001 hatten wir noch gemeinsam unternommen, aber dann unter-

brach der plötzliche Tod Silbernagls jäh alle weiteren Pläne für das Almbuchprojekt. Der Zuspruch seiner Witwe Inge und vieler anderer Freunde ermunterte mich schließlich, weiterzumachen und das Begonnene im Sinne meines langjährigen Mentors, in memoriam gewissermaßen, zu einem guten Ende zu bringen. Besondere Unterstützung kam vom Almwirtschaftlichen Verein Oberbayern, allen voran Franz Steindlmüller.

Auf meinen anschließenden Streifzügen durchs Gebirge konnte ich mich von der allgegenwärtigen Vitalität des Almwesens überzeugen. Allein in Oberbayern gibt es über 700 Almen, die noch bestoßen werden. Kein kleines Thema also und ein weites Feld für Fotografie und Text. Ohne romantische Verklärung, authentisch, der Realität auf der Spur; dennoch immer mit respektvoller Distanz, so wollte ich Mensch und Tier dort oben in der manchmal durchaus noch vorhandenen Einsamkeit der Berge begegnen.

Drei Jahre habe ich fast jede freie Minute darauf verwendet und hoffe nun, dass sich die mit dem Buch verbundenen Anliegen in meinen Bildern wieder finden. Ebenso natürlich in den Texten, die als Bindeglied das transportieren sollen, was die Kamera allein nicht leisten konnte: historische und bis ins Heute reichende Überblicke, das Vermitteln persönlicher Aussagen und Gefühle und die Beschreibung bestimmter Kulturtechniken wie Buttern und Kas'n, die nach wie vor auf einigen Almen zum Alltag gehören.

Viele Almerer, ob Frauen oder Männer, ob jünger oder älter, treibt eine Art von fast süchtigem Verlangen nach diesem einfachen, aufs Wesentliche reduzierte, aber dafür um so intensiveren Leben Jahr für Jahr hinauf auf ihre Hütte. Ich habe inzwischen verstanden, was es damit auf sich hat. Es ist das einfache Dasein von Mensch und Tier in Übereinstimmung mit der Natur, entfernt von den Sorgen und Ansprüchen weit unten im Tal. Eine Lebensweise also, die sich zumindest temporär noch der annähert, wie sie dem Mensch ursprünglich zu eigen war.

Ich würde mir wünschen, dass es mir mit meinem Buch gelungen ist, das Besondere dieser Lebensweise anschaulich zu machen. Es soll eine Hommage an all jene Menschen sein, die ich auf meinen Streifzügen kennenlernen durfte und die mich unterstützt haben. Danke.

Ihr Thomas Plettenberg

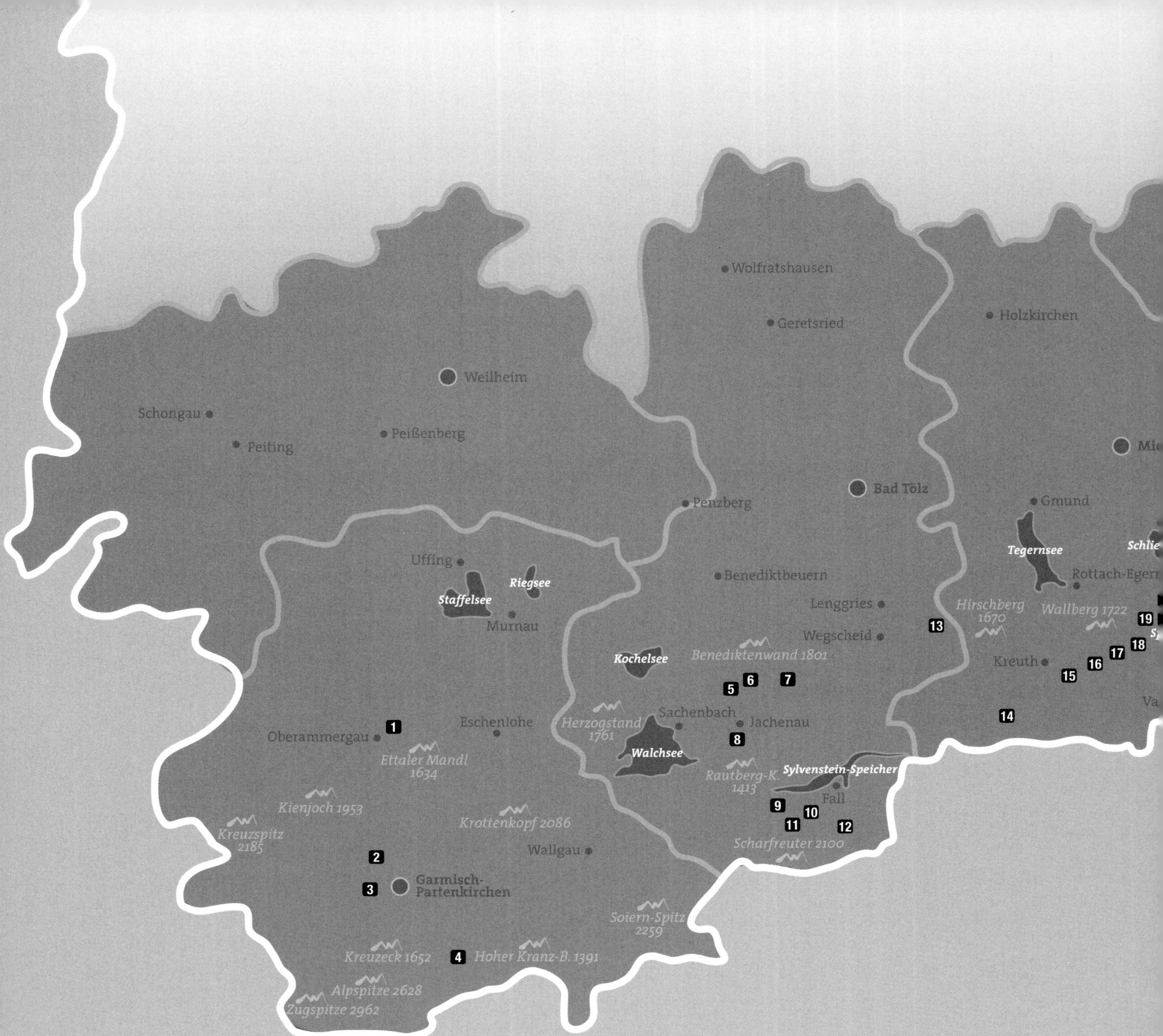

1 Genossenschaftsalm am Laber
2 Ennigalm
3 Stepbergalm
4 Wettersteinalm
5 Staffelalm
6 Pessenbacheralm
7 Vordere Scharnitzalm
8 Luitpolderalm
9 Moosenalm
10 Griesmann Niederleger
11 Wiesbauern Hochleger
12 Lerchkogel
13 Roßsteinalm
14 Königsalm
15 Ableitenalm
16 Röthensteinalm
17 Plankensteinalm
18 Sieblialm

19 Bodenalm
20 Firstalm
21 Freudenreichalm
22 Anklalm
23 Jägerbauernalm
24 Schönfeldalm
25 Wallenburger Alm
26 Wildfeldalm
27 Petzingalm
28 Valepper Almen
29 Kleintiefentalalm
30 Großtiefentalalm
31 Krottentalalm
32 Neuhüttenalm
33 Kreuzbergalm
34 Fellalm
35 Lechneralm
36 Baumoosalm
37 Abergalm
38 Laubensteinalm
39 Ackernalm
40 Oberkaseralm
41 Roßalm
42 Hofbauernalm
43 Frauenkaser
44 Hefteralm
45 Piesenhausener Hochalm
46 Plattenalm
47 Jochbergalm
48 Thoraualm
49 Winklmoosalm
50 Dürnbachalm
51 Sellarnalm
52 Stoaneralm
53 Moosenalm
54 Lattenbergalm
55 Schwarzbachalm
56 Mordaualm
57 Bindalm
58 Halsalm
59 Ragertalm
60 Gotzenalm
61 Regenalm
62 Saletalm
63 Fischunkelalm

Vom Leben auf der Alm einst und heute

von Adelheid Schmid

Lorenz Quaglio, Jäger und Sennerin in den Bergen, Aquarell, 1851

1. Romantische Verklärung und Klischee

Mit dem beginnenden 19. Jahrhundert erwachte nicht nur eine schwärmerische Naturbegeisterung, sondern auch das Bedürfnis, Land und Leute zu entdecken. Diese Geisteshaltung brachte Joseph Friedrich Lentner mit den ersten Sätzen seiner Landesbeschreibung Oberbayern gleich recht deutlich zum Ausdruck: „Das Alpenwesen ist die poetische Blüthe des Volkslebens im Hochgebirg. In ihm tritt der Urzustand des Hirtenvolkes, das in den Bergen wohnt, in seiner Einfachheit und Freiheit zu Tage." Lentner war einer jener „Feldforscher", die im Auftrag des späteren Königs Max II. Josef die volkskundlichen Grundlagen zur, allerdings erst nach seinem Tode erschienenen, großen, mehrbändigen Landesbeschreibung „Bavaria" zusammentrugen.

König Max II. Josef, Initiator und Förderer der Landesbeschreibung „Bavaria, Land und Leute"

Maler, vor allem die der Münchner Schule, Poeten, Literaten und die ersten Sommerfrischler machten sich auf, um die Schönheit, Einsamkeit und Urtümlichkeit der Alpennatur zu finden. Es zog sie hinauf auf die Berge, zu den Almen, wo sie Daseinsformen anzutreffen hofften, die ihrer romantischen Sehnsucht entgegenkämen und die sie auch alsbald in den idyllischsten Farben malten. „Die Almerinnen führen fast ein Leben wie die Elfen, streifen in der Frühe mit leichten Sohlen über die tauigen Alpenkräuter, verschwinden im Morgennebel, singen aus dem Felsgestein, dass man nicht weiß, von wannen es kommt und schallt, trinken nur Milch und Wasser und schlummern im Heu, das sie kaum eindrücken. Das Almenleben hat so viel eingeborene Poesie, dass selbst die Tausende von Schnadahüpfeln und die schönsten Lieder vom Berge, sowie die süßinnigsten Zithermelodien die-

Lorenz Quaglio, Sennerin beim Buttern auf der Zeller Alm, Bleistiftzeichnung um 1830

sen tiefen und wahren Zauberbrunnen nicht ganz ausschöpfen.“ So viel von Ludwig Steub, dem vielgereisten Juristen, dem Kenner und literarischen Entdecker von Landschaft und Volkstum in den Alpen. Der Hochlanddichter Karl Stieler schrieb 1875: „Alle Volksstämme, die sich selbst in einer Art von Naturleben erhalten haben, stehen auch der Tierwelt mit einer gewissen Vertraulichkeit gegenüber. Ganz besonders aber tritt uns dieser beschauliche Zug im Charakter des oberbayerischen Bergvolkes entgegen, in einem Land, wo der Ackerbau nur wenig Boden hat, und wo Viehzucht und Hirtenleben seit einem Jahrtausend blühen... Die Herden und ihr Geläut, das ist die uralte und unvergängliche Staffage der Alpen, in hundert Liedern ist dies Bild gefeiert, es ist so innig mit der Landschaft verwachsen, dass wir es kaum hinwegzudenken vermögen ...“ Und das schreibt Walter Schmidkunz, der zusammen mit Karl List und Wastl Fanderl 1938 „Das leibhaftige Liederbuch“ herausgab: „Das alpenländische Charakterlied ist das Alpenlied, d.h. das Lied, das sich mit dem Leben auf den Alpen und Almen befasst, von Hirten, Sennern, Sennerinnen, Jagern und Wildschützen ausgedacht und gesungen wird und von ihrem Leben erzählt.“ Und sogleich haben wir 's im Ohr: Von der hochen Alm auf die Niederalm ... Auf de Alma, da gibt's Kalma ... Auf da Alm bin i g'sessn, ganz alloa auf an Stoa... Schön sind sie, diese Lieder, herzhaft und unsentimental, lebfrisch und voller Freude.

Also hat es das doch gegeben, dieses freie, ungebundene, einfache, naturnahe und unbeobachtete Almleben, hart und arbeitsreich, aber prall und lustvoll durchaus. Zum Klischee verkommen ist es nur in der Darstellung durch drittklassige Heimatschnulzen und Romane, durch Bauerntheater-Klamotten, die die ewig jodelnde Sennerin mit viel Holz vor der Hütt'n, gut sichtbar im weit ausgeschnittenen Dirndlkleid, zur unbedarften oder gar dümmlichen Witzfigur verkommen ließen. Oder im werbewirksamen Ein-

„Siehst Du, Elli, ich hab doch recht, man trägt die Hosen lang“, Karikatur von Karl Arnold

satz einer rührigen Tourismusindustrie, der jedes Mittel recht ist, und die aus einem gestandenen Menschenschlag Berufsseppln und -zenzis macht grad nur so zum Gaudium der Fremden. Das ist aber nichts Neues und manchmal kam man derartigem Ansinnen auch allzu willfährig entgegen. Was bleibt, ist das sehr menschliche Bedürfnis, Vergangenes zu verklären, weil Gegenwärtiges und vor allem das Ungewisse der Zukunft Unbehagen einflößen. Dergleichen nennt man Nostalgie. Das liegt ein wenig im Thema, denn in ihrer fast 2000-jährigen Geschichte hat sich die Almwirtschaft zwar den jeweiligen Notwendigkeiten angepasst, hat sich aber wie kein anderer Zweig der Landwirtschaft in den altüberlieferten Formen weitgehend erhalten. Weil Technisierung und Rationalisierung in den Höhenlagen mit kurzer Vegetationsdauer und steilen Grasmatten sehr schnell an ihre Grenzen stoßen. Hierin mag auch der Grund für die anhaltende und gerade in unserer Zeit wieder zunehmende, durchaus positiv zu bewertende Faszination für das Almerische zu suchen sein.

Da tät sich dann schon gern so manch esoterisch Angehauchte(r) in die vermeintliche Einsamkeit einer Hütte auf dem Berg flüchten wollen, auf der Suche nach sich selbst und einer besseren und heilen Welt. Was man zum Almdasein aber immer schon brauchte, sind ein ausgeglichenes Gemüt, gesunder Menschenverstand, Handfestigkeit, der Wille zum Zupacken, Liebe zur Kreatur und zur Natur, dazu eine Menge einschlägiger Sachverstand, der einem nicht zufliegt, sondern den man sich erwerben muss. Nur dann wird der Almsommer zum Gewinn für Mensch und Tier und kann mit einem prachtvollen Abtrieb, wie es der Brauch ist, beschlossen werden.

2. Was ist eine Alm

Das zumindest scheint ein jeder zu wissen: ein kleines, dem Bauernhof ähnliches Gebäude aus Holz oder Bruchstein in einer schönen sonnigen Lage auf halber Höhe vor dem Gipfel, wo man eine zünftige Rast machen kann. Ringsherum Kühe, die fröhlich und unentwegt die frischen Berggräser fressen. So weit, so gut.
Der Fachmann sagt Folgendes dazu: Almen sind temporäre Betriebsstufen im Gebirge, die oberhalb der bäuerlichen Dauersiedlungen liegen und aufgrund der natürlichen Voraussetzungen ausschließlich während der Sommermonate bewirtschaftet und von Zucht- und Nutzvieh beweidet werden, wobei die Tiere ständig am Berg bleiben. Almen stehen zwar mit dem Heimathof in engem wirtschaftlichen Verbund, arbeiten aber wegen der relativ großen Entfernung eigenständig, was sich auch in den Siedlungen verschiedener Form und Größe ausdrückt.

Der Luitpolderhof in der Jachenau, die dazugehörige Alm ist auf Seite 76 zu finden.

Für den Standort der Alm spielen Bodenbeschaffenheit, Geländeform, lawinen- und windgeschützte Lage sowie das nötige Quellwasser eine entscheidende Rolle. An solchen begünstigten Orten wurden seit alters Almen angelegt.

Eine Alm staffelt sich in Höhen zwischen 800 und 1800 Metern, zwei- oder dreistufig den Berg hinauf, das sind die Nieder-, Mittel- und Hochleger. Im Laufe der Sömmerung wandert das Vieh samt dem Personal mit dem Fortschreiten des Graswuchses stufenweise aufwärts, um im zweiten spätsommerlichen Teil der Alpzeit ebenso stufenweise wieder zurückzukehren. Almzeit ist zwischen Anfang/Mitte Juni und Mitte/Ende September. Im alpenländischen Sprachgebrauch heißt es immer „auf die Alm fahr'n", wobei dies ursprünglich nie etwas mit einem Fahrzeug zu tun hatte, sondern wie viele alte Ausdrücke der Bergbauern aus dem Mittelhochdeutschen kommt. Hier bedeutet „varn" so viel wie sich von einem Ort zum ander'n bewegen. Der gleichen Wurzel entspringt beispielsweise auch der Begriff des Wallfahrens, wo man ja auch immer zu Fuß unterwegs war. Eine bewirtschaftete Alm wird schließlich von einer soundso großen Anzahl von Tieren pro Sommer „bestoßen".

Almen sind im Übrigen keine alpenländische Erfindung, es gibt sie überall dort auf der Welt, wo es Berge gibt.

Im Zusammenhang mit Almen tauchen auch die Begriffe Ötzen, Asten, Maiensäß und Schwaige auf. Die ersten drei bezeichnen, in jeweils verschiedenen Landschaften, die Voralmen, die Übergangsformen, die zwischen der Talweide und dem Gebirgsterrain liegen. Nun wissen wir, woher der Name Ötztal kommt, wir kennen die Astenhöfe oberhalb Flintsbach im Inntal und das Maiensäß begegnet uns vorwiegend in Graubünden. Das bairische Wort „Alm" als auch das alemannische „Alp" leiten sich ab vom lateinischen „alpis", der Wortstamm kommt jedoch bereits aus dem Keltischen, wo er hoch, Berg, Gebirge bedeutet. In dem Wort „albe" bündeln sich uralte mythische Vorstellungen, der Alberer heißt heute noch ein im Gebirge, auf der Alm umgehender Dämon. Im Alptraum oder Alpdruck (auch mit „b" geschrieben), der uns belastet, ist dieses negativ-dämonische Element ebenfalls noch präsent.

Kaser (vom lateinischen casa = Haus und/oder dem romanischen casura = Hütte) nennt man die Almhütte im Chiem- und Rupertigau, im Berchtesgadener Land, wo der Rundumkaser, auf den wir noch kommen werden, eine bauliche Besonderheit darstellt. Inwieweit oder ob der Käse (lateinisch caseus) aus der gleichen Wortwurzel kommt, lässt sich den Quellen nicht entnehmen, wäre aber sicher nicht abwegig.

Blick ins Kasstöckl der Regenalm, einem Rundumkaser im Nationalpark Berchtesgaden

Almen oder Kaser stehen aber nicht einfach nur malerisch in einer beliebig von jedermann zu betretenden und zu benutzenden Landschaft herum, sondern sie sind eingebunden in ganz bestimmte Rechts-, Besitz- und Bewirtschaftungsverhältnisse. Diese wiederum resultieren aus uralten historischen Entwicklungen bzw. späteren politischen Gegebenheiten, die sich nach der Ablösung der Grundherrschaft, nach Säkularisation und Bauernbefreiung regional jeweils sehr unterschiedlich darstellten, und die bis heute ihre jeweils eigenen Auswirkungen auf das Almwesen haben. Es gibt die im Eigentum des jeweiligen Bauern stehenden Privatalmen mit den dazugehörigen eigenen Futterflächen, die meisten davon in den Landkreisen Miesbach und Traunstein. Es gibt aber auch die weitaus ungünstigere Form der Servituts- oder Berechtigungsalmen, vorwiegend im Chiem- und Rupertigau, in Fall, in der Jachenau und im Werdenfelser Land. Der die Almhütte umgebende Grund und Boden gehört dem Staat. Den Bauern bleibt lediglich das Recht, mit einer vorgegebenen Anzahl Vieh innerhalb einer bestimmten Weidezeit zu wirtschaften. Bei den Gemeinschaftsalmen, neben den Privatalmen in den Landkreisen Bad Tölz, Miesbach, Rosenheim und Traunstein zu finden, ist die Almlichte im Besitz mehrerer Bauern mit unterschiedlichen ideellen Flächenanteilen, die Hütten befinden sich meist auf einer eigenen Flurnummer und sind im Privatbesitz des jeweiligen Bauern. Es gibt natürlich Pachtalmen und schließlich, vor allem im Werdenfelser Land, die sogenannten Genossenschaftsalmen. Die gesamte Dorfgemeinschaft oder auch nur mehrere Bauern sind zu einer Genossenschaft zusammengeschlossen und bewirtschaften die meist großen Almflächen mit ihrem Vieh gemeinsam mit dem entsprechenden Personal von einer Hütte aus.

Der Sinn jeder regelmäßig betriebenen Almwirtschaft bestand von Anfang an darin, eine möglichst große Anzahl Vieh ganzjährig zu ernähren. Während man nämlich die Tiere im Sommer auf die Alm bringt, bleiben die knappen Weideflächen im Tal geschont. So lässt sich hier für den Winter Heu gewinnen und mehr Vieh halten als ohne die zusätzlichen Almflächen. Almwirtschaft war somit in Gebirgsregionen mit geringen Talweiden eine der wichtigsten Grundlagen für eine dauerhafte Nutztierhaltung und -zucht.

Die etwa 700 oberbayerischen Almen werden fast ausschließlich als Galtviehalmen betrieben. Unter Galtvieh versteht man im Allgemeinen Jungvieh, das noch keine Milch gibt, aber auch ältere, nichtträchtige Rinder gehören dazu. Die Tiere können bei geeignetem Gelände und entsprechenden Stallungen tagelang sich selbst überlassen bleiben. Da auch die tägliche Melkarbeit entfällt, ist ständig anwesendes Almpersonal nicht mehr nötig.

Eine Kasalm wie aus dem Bilderbuch:
Die Kleintiefentalalm im Rotwandgebiet

Einige wenige oberbayerische Almen gibt es noch, wo ein oder zwei Melkkühe zum Eigenbedarf mit aufgetrieben werden, wo eine tüchtige Almerin waltet, die noch was von der Milchverarbeitung versteht und mit ihren Produktverkäufen Wanderer und andere Liebhaber echter Biokost erfreut. Käsealmen sind unter anderen die Riesenalm auf der Hochries, die Kleintiefental- und Schellenbergalm im Rotwandgebiet und die Firstalm am Spitzing.

3. Geschichtlicher Überblick

Die Geschichte des Bauernstandes und des damit verbundenen Almwesens in Bayern bzw. im gesamten Alpenraum ist eine höchst komplizierte Materie, die eine Reihe von Büchern oder besser halbe Bibliotheken füllen mag, und der dieser Beitrag logischerweise nicht gerecht werden kann. Allzu gedrängte und damit begrifflich überfrachtete Darstellungen, wie es in diversen Publikationen versucht wird, tragen eher zur Verwirrung als zur Erhellung bei. Deswegen soll hier versucht werden, zumindest eine Entwicklungslinie aufzuzeigen, die die Grundlagen schafft, um auch heutige Probleme der Almwirtschaft aus dem geschichtlichen Zusammenhang heraus zu begreifen.

Almweiden gehören, darin ist sich die Wissenschaft einig, zu den ältesten Kulturlandschaften im Alpenraum. Überall, wo Menschen bereits Viehzucht betrieben, haben sie zu allererst die freien Matten oberhalb der Baumgrenze genutzt. Die Tallagen waren vielfach sumpfiger, unwirtlicher Urwald, geregelte zivilisatorische Kultur- und Rodungstätigkeit setzte erst wesentlich später ein. Funde

Felsritzzeichnungen, entdeckt auf der Gotzenalm im Berchtesgadener Land.

aus der Stein- und Bronzezeit lassen vermuten, dass bereits um 2000 v. Chr. Bergweidegründe von nomadisierenden Hirten genutzt wurden. Belege dafür finden sich in unserer unmittelbaren Umgebung: Auf der Kühzaglalm bei Rottach-Egern fand man eine Bronzefibel, im Gebiet der Wildalm in den Blaubergen über Wildbad Kreuth entdeckte man in Stein gemeißelte etruskische (!) Schriftzeichen. Die Unterkünfte bestanden meist aus primitiven Erdställen mit einem Vordach als Unterstand für das Vieh. Mit dem, was wir heute unter Almwirtschaft verstehen, haben diese Anfänge wenig gemeinsam; dazu bedurfte es eines gut funktionierenden bäuerlichen Wirtschaftssystems, wie es für diese Frühzeit kaum angenommen werden kann.

In der Bronze- und Eisenzeit, der sogenannten Hallstattzeit, spielte der Salz- und Kupferbergbau bereits eine große Rolle. Der Holzbedarf stieg enorm, und im Umkreis der Besiedelungen entstanden große Lichtflächen, die sicherlich für die Viehwirtschaft genutzt wurden. Ab 500 v. Chr. sind die Kelten bei uns nachweisbar. Es gibt bereits erste Zeugnisse römischer Schriftsteller, die über deren gut organisiertes Almwesen berichten. Alm- und Ortsnamen aus keltischer Zeit sind keine Seltenheit bei uns. Die ins Land drängenden Römer bewahrten und nutzten die vorgefundenen Kenntnisse, viele romanische Lehnwörter, Alm- und Ortsbezeichnungen lassen auf eine Kontinuität schließen. Ein interessanter Fund in den Tegernseer Bergen, Felsritzzeichnungen, Tierbilder und römische Personennamen, noch gut zu lesen, kann als Beleg dafür gelten. Es herrschte also bereits reges Leben auf den Almen, als in der zweiten Hälfte des 6. Jahrhunderts die Bajuwaren namentlich ins Licht der Geschichte traten, bis weit in den ostalpinen Raum hinein sich ausbreiteten und die vorhandenen Temporärsiedlungen auf den Hochflächen übernahmen.

Die bayerischen Bauern des 7. und 8. Jahrhunderts waren nicht nur eingebunden in die sich entwickelnde Feudalstruktur der Grundherrschaft des Adels und der Klöster, sondern auch in die dörfliche „Gemain", die in der Wirtschaftsform der Markgenossenschaft ihren Ausdruck findet. Das besagt nichts anderes als dass Wald, Weide und Wasser Allgemeingut waren und streng geregelt von der Dorfgemeinschaft auch so genutzt wurden. Uralte, bis heute noch sichtbare Rechtsbräuche wie Almzwang, Hutzwang, bestimmte Weidedienstbarkeiten – von den Servituts-, Gemeinschaft- und Genossenschaftsalmen war bereits die Rede – oder Schneefluchtrecht haben in dieser mündlich überlieferten Verfassung ihren Ursprung.

Erste urkundliche Erwähnungen von Almen datieren aus der Zeit um 780, so zum Beispiel in den Aufzeichnungen über die Bestiftung der Salzburger Kirche bzw. des späteren Bistums durch Herzog Theodo. Hierbei ist auch von einer „alpis gauzo“ die Rede, womit sicherlich die Gotzenalm im Berchtesgadener Land gemeint sein dürfte. Bevölkerung und Landbedarf stiegen im Lauf der folgenden

„Alpis gauzo“, die bereits um 780 erwähnte Gotzenalm

Jahrhunderte, hatten eine intensive Rodungstätigkeit und damit eine Ausweitung der Almflächen zur Folge. In den Annalen des 12. und 13. Jahrhunderts tauchen nun erstmals die Schwaighöfe auf. Es sind dies Dauersiedlungen, die im Bereich begünstigter, unterer und mittlerer Höhenstufen gelegen und ausschließlich auf Viehhaltung und Milchwirtschaft ausgerichtet sind. Solche Schwaigen, die im Laufe der Zeit meist zu regulären Hofstellen geworden sind, gibt es noch im Salzburgischen, aber auch bei uns im Inn- und Leitzachtal. Alte Bezeichnungen wie d'Schwoagn, Schwoagerin für Sennerin oder der häufige Familienname Schwaighofer erinnern noch an diese Form des Almbetriebes. Über diese grundherrschaftlichen Viehhöfe gibt es zahlreiche Quellen und Schenkungsurkunden, ebenso Urbarien (das sind Besitzverzeichnisse), die über die Zinsabgaben, meist in Form von erstaunlichen Mengen von Käse, berichten.

Der Kloohof in Geitau, eine einstige Schwaige, die später zu einer Hofstelle wurde.

Klimaverschlechterungen, politische Krisenstimmung und steigender Holzbedarf für Salz- und Erzbergbau führten zwar zu einer letzten Erweiterung des Almraumes, machten aber gleichzeitig die Begrenztheit der natürlichen Ressourcen bewusst. Damals wie heute ist in solchen Zeiten der Gesetzgeber gefragt, der regelnd eingreift und so wurden zahlreiche Weide- und Schlägerungsverordnungen erlassen. Man kann getrost sagen, dass damit der bis heute nicht gänzlich ausgefochtene Streit der Almbauern um Wald und Weide begann. Die Rodungstätigkeit wurde durch den Wildbann des jeweiligen Grundherrn zwar eingeschränkt, sodass es seit dem 15. Jahrhundert keine wesentlichen Veränderungen des

Landschaftscharakters mehr in Oberbayern gab. Es waren dies aber sicherlich keine Forstschutzgesetze, vielmehr solche, die dem Schutz der Eigenjagden dienten und damit in die Wirtschaftweise der Almbauern reglementierend eingriffen.

Fassen wir uns kurz: Mit dem Ende des 18. Jahrhundert hatte das Almwesen seinen Höhepunkt erreicht bzw. bereits überschritten. Der allmähliche Beginn des Maschinen- und Industriezeitalters, die Nutzung der Kohleenergie mit den entsprechenden wirtschaftlichen Folgeerscheinungen leitete eine Rezession in der Landwirtschaft ein. Die bergbäuerlichen Betriebe waren die ersten, die dies zu spüren bekamen. Landflucht setzte ein, Schwaigen wurden aufgegeben oder zu Almen gemacht, höher gelegene Höfe oder schwer zugängliche Hochflächen aufgelassen.

Wer nun glaubt, dass mit Säkularisation und Bauernbefreiung (1803 bis 1848) landauf - landab goldene Zeiten für den Bauernstand anbrachen, der irrt. So mancher Hof geriet durch die Grundentlastung und die damit einhergehende fixe Grundbesteuerung in arge Schuldenlast und

Gabriel Lory, Blick vom Seeufer bei Egern auf Schloss Tegernsee, um 1840

musste aufgeben. Der Übergang der Klostergüter an den Staat machte es nötig, die Besitzfronten völlig neu abzustecken. Ein einheitlicher Forstkataster wurde angelegt, nicht zuletzt zur Wahrung der landesherrlichen Jagdinteressen. Auf Grund der unterschiedlichen Rechtsverhältnisse der übernommenen Grundherrschaft waren die Probleme quasi vorprogrammiert. Jetzt verloren auch all die ihre Gemeinrechte an Wald und Weide, die sich nicht schon vorher den grundherrschaftlichen Zwängen hatten beugen müssen, sondern ihre Markenverfassung bis dahin bewahren konnten.

Gut dran waren allerdings die Bauern im Raum Miesbach, die sich mit dem Kernstück ihrer Tegernseer Klosteralmen die Purifikation, d. h. die Bereinigung der Rechte durch die Überführung ins Eigentum, erkämpfen konnten. Alle Almen und auch ein großer Teil der tiefer gelegenen Wälder sind ins Eigentum der Höfe übergegangen. Die Bauern waren das erste Mal in ihrer Geschichte wirklich autark! Darum hat auch Helmut Silbernagl durchaus recht, wenn er in seinem Buch „Almsommer" schlicht und lapidar anmerkt: „Diese geschichtlich höchst bedeutsame Entwicklung haben wir König Max I. Joseph und seinem fortschrittlichen Minister Montgelas zu verdanken. Das war die damalige geistige Zielrichtung in einem aufsteigenden Lande Baiern. Die Entwicklung hin zum freien Eigentum und einem freien Bauerntum – zum Wohle des Volkes".

Es bleibt dennoch zum Schluss dieser historischen Betrachtung anzumerken, dass mit den politischen Ereignissen im 19. Jahrhundert ein erschreckender Niedergang der Almwirtschaft einherging. Die Almweideflächen in Oberbayern und Schwaben hatten sich auf die Hälfte vermindert! Einen erheblichen Anteil an der großen Veränderung von Land- und Almwirtschaft hatten schließlich die ebenfalls im 19. Jahrhundert gegründeten Molkereigenossenschaften. Milcherzeugung wurde damit zur Marktproduktion und verlor ihren Selbstversorgungszweck. Diese Entwicklung musste natürlich eine tiefgreifende Umstellung des Almwesens nach sich ziehen. Die Gegenwart wird uns noch beschäftigen, was die Zukunft bringt, lässt sich nur vermuten.

4. Bauformen auf der Alm

Die Art und Weise, wie man Almbauten errichtete, war in den verschiedenen Regionen von den verfügbaren Baustoffen und Werkzeugen, von Klima und Gelände, von den Transportwegen, von der Benützungsdauer im Laufe eines Almsommers und von der Art und Anzahl der Almtiere abhängig. Auch die Bauart des Heimhofes spielte bei der Entwicklung der Almbauten eine gewisse Rolle. Wo sie nicht durch Lawinen, Muren oder Brand zerstört wurden, kann man heute noch Almhütten finden, die zumindest in ihren Fundamenten zwei- bis dreihundert Jahre alt sind. Seit zu Beginn des 20. Jahrhunderts auch solche einfachen Almhütten als ländliche Baudenkmale bezeichnet wurden, enthält die Bayerische Denkmalliste für jede Gemeinde eine Reihe von historisch wertvollen Kasern.

Zu jeder bergbäuerlichen Hauslandschaft gehören bestimmte Typen von Almhütten, die sich mehr oder weniger ausgeprägt voneinander unterscheiden. Der „originellste" Almtyp findet sich im Berchtesgadener Land mit dem sogenannten Rundumkaser. Die Urform war das „Hüttl", ein fensterloser, einräumiger Rundholzblockbau. Für das Vieh gab es anfangs keine Stallungen, es wurde zum Melken an der Außenwand angebunden. Im nächsten Entwicklungsschritt hat man die Dachüberstände immer weiter vorkragen lassen und mit Säulen abgestützt. Unter diesem Vordach war das Vieh wenigstens vor Regen geschützt und konnte im Trockenen gemolken werden. Das einzige erhaltene Beispiel eines solchen offenen Rundumkasers befindet sich heute auf der Bindalm westlich von Ramsau. Es ist der Schiedkaser, der von der entlegenen Feldalm mittels Hubschrauber hierher versetzt wurde. Die Bindalm ist im Übrigen durch die Initiative der Nationalparkverwaltung zum letzten lebendigen Refugium von vier historischen Rundumkasern geworden, allerdings hat auch hier ein Brand eine der Hütten zerstört und musste durch einen Neubau ersetzt werden.

Der einzige noch erhaltene offene Rundumkaser, der Schiedkaser auf der Bindalm, Ramsau

Die tiefer gelegenen Almen erhielten schon bald einen solideren Wetterschutz für das Vieh. Rund um die Wohnzelle, das „Kasstöckl", zimmerte man ebenfalls in derber Blockbauweise einen Rundumstall, den „Rundumadumstall". Aus dem Kaser war ein Wohnstallhaus geworden, wobei eine offene Firstgaube für Rauchabzug und Lichteinfall sorgte. Mit dem traditionellen flachen Legschindeldach hat sich diese Bauform, die man sich siedlungsgeschichtlich kaum erklären kann, jahrhundertelang bewährt und wurde zum Wahrzeichen dieser so altehrwürdigen Almregion.

Im südlichen Rupertiwinkel erreichte die Almwirtschaft keine große Bedeutung. Auffälligstes Merkmal der wenigen Almen (z.B. Steineralm und Stoisseralm am Hochstaufen)

Die nach dem Wohnstallhaus-Prinzip erbaute Stoaneralm am Hochstaufen (Rupertiwinkel)

ist der langgestreckte Baukörper mit einem mittelsteilen Scharschindeldach. Der Grundriss folgt dem Wohnstallhausprinzip, vorne der in Blockbau gezimmerte „Vorkaser", dahinter der Stall, der mitunter aus Feldsteinen gemauert ist.

Im Chiemgau, vornehmlich im Hochriesgebiet, gibt es eine Reihe von Almen, die bis auf das Jahr 1435 urkundlich zu belegen sind. Hauskundlich gehören die Almen der Chiemgauer Berge zum sogenannten „Traunsteiner Gebirgshaus" und zeigen im langgestreckten Grundriss das bauliche Prinzip eines Wohnstallhauses mit vorderseitigem Vorkaser und langem rückwärtigen Stallteil. Diese Einhofanlagen haben durchwegs ein flaches, legschindelgedecktes Satteldach. Blockbauweise und Massivbau aus dem umliegenden roh gemauerten und verputzten Kalkstein kommen in gleichem Umfang nebeneinander vor. Interessante Almen sind die Haaralm, Thoraualm, Röthelmoos- und Hemmersuppenalm (unterhalb des Fell-

Der weitläufige, mehrere Hütten umfassende Almboden der Thoraualm unterhalb des Fellhorns

horns bei Reit im Winkl). Uralt, nämlich bereits aus dem 16. Jahrhundert, ist die Kaitlalm bei Ruhpolding. Ein besonders malerisches „Kaserl" ist die Bichleralm, Gemeinde Schneizlreuth.

Im Tegernseer Tal ist die Almwirtschaft seit dem Jahr 979 bezeugt, um 1420 sind 43 Almen urkundlich genannt, 100 Jahre später sind es schon 78 Almen. Die Abtei Tegernsee hat die Rodung von Weideflächen intensiv gefördert, vor allem auf den Bergmassiven, die das Rottachtal und das Valepptal umschließen, dann auf der Baumgartenschneid und Bodenschneid, auf dem Wallberg und Setzberg, auf dem Risserkogel, Stümpfling und Plankenstein. Die Tegernseer Klosteralmen zeigen die Entwicklung einer

Klosterherrschaft, deren Eigenheiten sich bis heute auswirken. Das Schlierseer Gebiet hingegen ist fast identisch mit der alten Reichsgrafschaft Hohenwaldeck. Hier entstanden seit dem hohen Mittelalter Rodungsalmen an den Hängen von Rotwand, Stolzenberg, Stümpfling und Brecherspitze und im Hochtal der Valepp. Die Waldecker und Maxlrainer als Grund- und Landesherren machten sich die Erfahrungen der Benediktiner von Tegernsee zu Nutze und besaßen mit der Wallenburger, der Ochsen- und der Maxlraineralm Herrschaftsalmen, die nur noch mit der einstmals klösterlichen Königsalm im Kreuther Tal zu vergleichen sind.

*Eine echte Herrschaftsalm,
die obere Wallenburger Alm im Mangfallgebirge*

Alle diese Almen des Mangfallgebirges folgen fast durchweg dem Bauschema der Talregion, das den südbayerisch-nordosttirolischen Einhof verkörpert: Einfirstbau, giebelseitig erschlossen, meist in Blockbau gezimmert, flaches Pfettendach mit Legschindeln. Älteste dieser Almen ist die Hölleialm von 1676 in Glashütte, Gemeinde Kreuth. Der urtümliche Blockbau zeigt eine sehr archaische Grundrissform: Wohnteil und Stall sind nicht hintereinander geordnet, sondern nebeneinander parallel zum First. Dieser Typus findet sich auch noch bei einigen Almen zwischen Oberaudorf, Wendelstein und Soinsee, auch hier der Stall hakenförmig angeordnet. Besondere Erwähnung verdient die Neuhüttenalm (datiert 1678 und damit zweitälteste Alm im Landkreis Miesbach), in der Gemeinde Bayrischzell südöstlich des Seebergkopfes am „Wachtl" gelegen, die in der Fülle ihrer baugeschichtlichen Aussagen alle vergleichbaren Bauten übertrifft. Sie bewahrt noch die letzte offene Feuerstelle, die Blockwände des rußgeschwärzten Innenraumes sind mit Initialen von Sennern, Sennerinnen und Hüterbuben übersät. Das Blockwerk mit den schwalbenschwänzigen Eckverbindungen zeigt noch viele alte Formen der Fensterbildung wie aus dem Lehrbuch.

*Fensterstock auf der Neuhüttenalm,
zweitälteste Alm im Landkreis Miesbach*

Eine Sonderstellung nimmt die Königsalm bei Kreuth ein, eine bereits „ingenieurmäßig" errichtete Alm mit dem dazugehörigen Kavaliershauses im Stil eines Schweizer Chalets. Die Geschichte wird an anderer Stelle dieses Buches ausführlich gewürdigt. Ein vergleichbarer langgestreckter Bau ist wohl nur noch die ehemalige Klosteralm auf dem Kühzagl bei Rottach-Egern.

Die Zwiehofanlage (Einfirsthof und Stall getrennt) der Vorderen Scharnitzalm in der Jachenau

Im Isarwinkel und in der Jachenau, also im Vorkarwendel, gibt es sowohl die als massiven Einfirsthof gemauerten Almbauten als auch Zwiehofanlagen, wo Sennhütte und Stall getrennt stehen. Bei Letzteren nennt man den Stall „Hof". Des weiteren finden sich Almen mit separatem Hütten- und Stallbau und einem schützenden Dach dazwischen. Diesen überdachten Zwischenraum, der dem Senner als Arbeitsplatz dient, nennt man „Durchfahrt", obwohl beim Bau dieser Almen ganz sicher noch weit und breit kein Weg für irgendeine Form von Fahrzeug vorhanden war.

Das Werdenfelser Land ist in jeder Beziehung gesondert zu betrachten. Es war, bevor es mit der Säkularisation 1803 zu Bayern kam, im Besitz des Freisinger Bischofs. 1804 wurde mit den Purifikationsverfahren eine endgültige Regelung aller Steitfragen über Holz- und Weiderechte eingeleitet, die erst Mitte des 19. Jahrhunderts zum Abschluss kamen. Festzuhaltender Tatbestand ist, dass es im Werdenfelser Land keine Privatalmen gibt. Einige der ältesten Blockbauten auf den Almen gleichen den sogenannten Wiesstadeln, die einen sehr speziellen und charakteristischen Bautyp des Werdenfelser Landes darstellen. Diese Wiesstadel stehen weitab vom Hof auf talnahen Berg- und Buckelwiesen und dienen der Einlagerung des Heus für die Winterfütterung, das die meist kleinen Mittertennhöfe nicht fassen können. Almen gibt

Typische Wiesstadl im Werdenfelser Land wie sie heute noch allenthalben zu finden sind.

es nur sehr wenige, weshalb es zu der almwirtschaftlichen Form des Umtriebes kam. Die Luftlinie der Triebwege von einer Lichtweide zur anderen betragen im Mittel 50 km. Bei einer Weidezeit von 100 Tagen ergeben sich daraus Weglängen bis zu 1200 km, die das Vieh während eines Almsommers zurückzulegen hat. Auf steter Wanderschaft waren Hirt und Herde und dies mit allem Inventar, meist auf der Buckelkrax'n geschleppt. Keine leichten Voraussetzungen für eine florierende Almwirtschaft.

Almen erweisen sich als Beharrungszonen alter baulicher Gepflogenheiten. Anders als im Talanwesen war man nicht schon frühzeitig bestrebt, Altüberliefertes dem technischen Komfort und anderen modernen Errungenschaften zu opfern. Für die 120 Tage im Jahr, die eine Alm gebraucht wurde, war sie immer gut genug und brauchte „keinen Staat herzumachen". Das ist es, was teilweise noch den Reiz und die archaische Impression dieser alten Baulichkeiten im Gebirge ausmacht. Sie sollten nicht mutwillig zerstört werden. Wo es aus Kosten- oder sonstigen Gründen nicht möglich ist, Scharschindel- oder steinbeschwerte Legschindeldächer aufzubringen, ist das einfachere Blechdach durchaus eine Alternative. Zur Todsünde wird es allerdings, wenn es aus purem Unverstand rot angestrichen wird. Rot ist immer die Farbe der Dächer in den Talsiedlungen, auf dem Berg, wo das kleine Almhaus sich der Natur einfügen und unterordnen soll, muss man es in Graugrün streichen, der Fachmann nennt die Farbe Berchtesgadener Grün.

Mustergültiges Legschindeldach auf der Königsalm oberhalb von Wildbad Kreuth

5. Vom Arbeiten und Wirtschaften auf der Alm

Wie die Ausstattung einer Almhütte einmal aussah, vermittelt in besonders anschaulicher und liebenswerter Weise Friedrich Wilhelm Doppelmayr in einer seiner vielen Zeichnungen „nach der Natur aus den Gegenden des kgl. Baier. Landgerichts Rosenheim", die zwischen 1810 und 1816 entstanden sind. Sie zeigt die Sennerin Maria Anna Regenauerin „auf der Reinlach-Alpe am Fuße des Wendelstein in der Alpenhütte des Hinter Schweinsteigers". Es steht da eine hübsche, junge, nett gewandete

F.W. Doppelmayr, Anna Maria Regenauerin „auf der Rainlachalpe am Fuße des Wendelstein . . ."

Sennerin barfüßig auf dem gestampften Lehmboden vor der gemauerten Herdstätte mit dem offenen Feuer, vor sich das Stoßbutterfass, mit dem sie gerade arbeitet. All die anderen abgebildeten Gerätschaften, vom kupfernen Käsekessel am galgenförmigen drehbaren Schwenkarm, den irdenen einhenkeligen Käsehafen, den irdenen Kannen, Weitlingen bis zur mit ledernen Tragriemen versehenen Butte zum Milchtransport ins Tal, haben sich jahrhundertelang kaum verändert. Wo heute noch gebuttert und gekast wird, sind die Geräte zumindest in Form und Funktion die gleichen, wenn auch teilweise aus anderen modernen Materialien. Auch die sonstige Einrichtung einer Hütte ist spartanisch, in jedem Fall aber zweckdienlich. Zuerst kam das Vieh, kam die Verwertung der Milch, erst dann konnte der Mensch an sich selber denken. Ungeheizt und spärlich möbliert die Schlafkammer, die Kleidungsstücke an Nägeln an der Wand. Im Wohn- und Wirtschaftsraum gibt es inzwischen statt der offenen Feuerstelle einen Herd, dazu eine Ecke mit Tisch, Bank und Stühlen, wo auch der Herrgottswinkel seinen Platz hat, ebenso wie auf dem Heimhof. Ein paar Wandbretter, vielleicht ein Büfett, das ist alles. Meistens spürt man die ordnende, sehr auf Sauberkeit und ein paar individuelle Ausschmückungen bedachte weibliche Hand, die Wohnlichkeit in die kärgliche Ausstattung bringt.

Herrgottswinkel in der Stube der Röthensteinalm im Wallbergebiet

Wer heute als Wanderer im Gebirge unterwegs ist und an einen Zaun kommt, der weiß, dass er Almgebiet betritt. Einfriedungen der verschiedensten Art haben auf der Alm immer schon eine wichtige Rolle gespielt, zur Besitzabgrenzung und um das Vieh an steilen Stellen vor dem Absturz zu bewahren. Zäunen ist deshalb nach wie vor eine ganz wichtige Arbeit in jedem Frühjahr vor dem Auftrieb. Im Gegensatz zum heutigen Elektrodraht, der relativ schnell auf- und abgebaut ist, kannte man früher nur hölzerne Zaunformen, die in natura bei uns nicht mehr anzutreffen sind. In bäuerlichen Freilichtmuseen kann man sie in ihren verschiedenen, genial einfachen, aber zweckmäßigen Varianten bewundern. An einigen wenigen Plätzen – so zum Beispiel auf der Kleintiefentalalm unterhalb des Miesing im Rotwandgebiet –

Klaubsteinmauern am Miesingsattel oberhalb der Kleintiefentalalm im Rotwandgebiet

kann man noch Klaubsteinmauern als Abgrenzungen sehen. Sie waren äußerst sinnvoll insofern, als sie aus den Steinen bestanden, die aus den Almwiesen sowieso entfernt werden mussten. Heute stehen sie unter Denkmalschutz. Mit solchen Steinmauern eingefasst ist auch häufig der sogenannte Almanger, ein nahe der Hütte gelegenes Wiesenstück, wo infolge von Düngung das Gras besonders hoch und saftig wächst. Man hat es mehrfach gemäht, geheut und als Notration benutzt bei einem plötzlichen Wintereinbruch.

Vor jeder Hütte findet sich ein hölzerner Brunnentrog, in den das frische Wasser aus einer nahen Quelle rinnt – die lebensnotwendige Wasserversorgung für jede Alm, die Tränke für die Tiere. Die Bitte an alle Wanderer lautet stets: sich nicht darin zu waschen, um das Wasser nicht durch Schweiß und fettige Sonnencremes zu verunreinigen!

Hölzerner Brunnentrog mit frischem Quellwasser, lebensnotwendig für Mensch und Tier auf der Alm

Zu den wichtigen Almpflegearbeiten gehört immer die mühselige Arbeit des Schwendens, das ist das Säubern der Almwiesen von Unkrautpflanzen mit holzigen Stengeln oder das Entfernen von sehr jungen Waldbäumen, des Anfluges, oder von bestimmten wuchernden Pflanzenarten, die den Weideertrag schmälern würden. Unerlässlich ist weiterhin das Holzmachen für die Herdfeuerung. Meistens hat eine Alm ihren eigenen Waldanteil oder sie hat ein verbrieftes Holzbezugsrecht im Staats- oder Gemeindewald.

Alle diese Arbeiten, dazu noch die Behirtung, die nötige Viehpflege, das Stallsaubermachen, das Viehsalzen, das Bewältigen der weiten Transportwege, konnte eine Sennerin allein nicht schaffen. Ein Hüterbub oder ein Kuhdirndl war das Mindeste, was sie noch brauchte. Sie selbst war ja die meiste Zeit mit dem Melken, Buttern und Käsen beschäftigt, letztlich also mit der Konservierung von Milcherzeugnissen, die man als dringend notwendigen Nahrungsvorrat brauchte. Gemolken wurde zweimal am Tag, früh am Morgen und am späten Nachmittag. Rahm zum Ausbuttern musste gewonnen werden, dann kam das Buttern im Stoßbutterfass; wo es heute noch gemacht wird, geschieht es mit dem Drehbutterfass. Dabei entsteht quasi als Abfallprodukt die Buttermilch, unvergleichlich gut, wenn sie „almfrisch" ist.
Das Käsen ist die eigentliche Haltbarmachung der so leicht verderblichen Milcherzeugnisse und eine der ältesten Kulturtechniken überhaupt. Der Grieche Strabo (64 v. Chr. bis 19 n. Chr.) erwähnt die Käseherstellung bereits in seiner „Geographika" und später berichten uns die Käsedienstbücher von den gewaltigen Mengen, die die Untertanen ihren Landesherrn als Naturalzins lieferten. Das aber ist Geschichte.

Wo heute auf unseren Almen noch Käse gemacht wird, liegen die Gründe weitab von diesen ursprünglichen Notwendigkeiten, ist es de facto ein Anachronismus. Nichtsdestoweniger ist kaum etwas dagegen einzuwenden, wenn mancherorts noch eine manuelle und nicht industriell verfälschte Kunstfertigkeit – und diese ist die Käseherstellung – am Leben erhalten und tradiert wird.

Normalerweise sind auf den Almen Jungtiere anzutreffen, in Oberbayern insbesonders die rötliche braun-weiß gescheckte Fleckviehrasse, die 1837 der aus Gmund am Tegernsee stammende Max Obermayer aus dem Berner Oberland hierzulande einführte. Neben dem Fleckvieh trifft man vor allem auf den Almen des Chiemgaus und Berchtesgadens auch häufig die rotbraunen Pinzgauer Rinder, das berggängige Braunvieh mit dem dunklen Maul findet man in Tirol und in den, an das Allgäu angrenzenden Landesteilen. Die hellbraunen, mittelgroßen Murnau-

Die dunkleren Pinzgauer haben weniger Milchleistung als das Oberbayerische Fleckvieh, sind dafür zäher.

Werdenfelser werden immer seltener, während die Schwarzbunten, die eigentlich aus Norddeutschland stammen, auch bei uns häufiger werden.

Almglocken haben auf den Weiden im Gebirge ihren Sinn weit über das gewohnt Vertraute und gewissermaßen dorthin Gehörige hinaus. Sie sind Signalgebung und jeder gute Almerer oder Almerin kennt am Glockenton schon die Tiere auseinander. Auf der Alm, so sagt man, dürfen Tiere noch ihren angeborenen Instinkt, ihre „Persönlichkeit" ausleben und dass sie eine solche haben, zeigen etwa die Eifersuchtsszenen, die es um das Tragen der größten Glocke – sie gebührt stets der Leitkuh, der klügsten eben – geben kann. Jede möchte sich gern dafür halten, nicht anders als bei den Menschen!

Zur Almarbeit gehört ganz wesentlich auch die Vorbereitung der Tiere auf den Almsommer. Man kann sie nicht ohne Konditionstraining losschicken, sie brauchen die langsame Gewöhnung vom Trocken- zum Grünfutter, sowie Übung im Weidegang, den sie allmählich auf der Heimweide lernen, ebenso wie das Nächtigen im Freien. Zur almerischen Ausrüstung gehört eine anständige Klauenpflege, das Schuhwerk für die Berge sozusagen.

Vom Almauftrieb und vor allem dem Abtrieb mit dem bunten Gepränge des selbstgefertigten Schmucks, den Kronen und Fuikl, ist an anderer Stelle eingehend die Rede. Für den Auftrieb (zwischen Ende Mai und Anfang Juni) ist natürlich zu allererst das Wetter ausschlaggebend. Er ist aber trotzdem immer mit dem Patrozinium von Bauernheiligen verbunden – St. Urban, St. Bonifaz, St. Vitus, Johanni und Peter und Paul. Abtrieb ist ab Mariae Himmelfahrt (15. August) bis Michaeli (29. September). Einer der wichtigsten Almstichtage ist aber auch Jakobi, der 25. Juli, wenn die halbe Almzeit um ist. Es ist der allgemeine Besuchstag von einer Alm zur anderen oder Tag einer Almkirta mit Musik und Tanz.

Gerade im Zusammenhang mit dem Almfahr'n und dem Vieh hat sich noch so manches Brauchtum lebendig erhalten, uralte Überlieferung, Heidnisches und Christliches in enger Verbindung: Das Kreuz als Segenszeichen, aber auch Hufeisen über der Stall- oder Almtür, Abwehrhände, Drudenkreuze zum Schutz gegen dämonische Übergriffe. Groß ist insgesamt der alpenländische Sagenkreis, es

Exemplarische Abwehrhände an der Kasstöckl-Tür der Lattenbergalm, Berchtesgaden

wimmelt nur so von Alberern, Butzen und Kasermand'ln, die alle mit der Furcht der einsamen Menschen auf ihren entfernten Almen zu tun haben. Auch Berge haben immer zu Sagen angeregt, wie der Watzmann, der Untersberg, der Hochkönig mit der übergossenen Alm oder die Steinere Agnes im Lattengebirge.

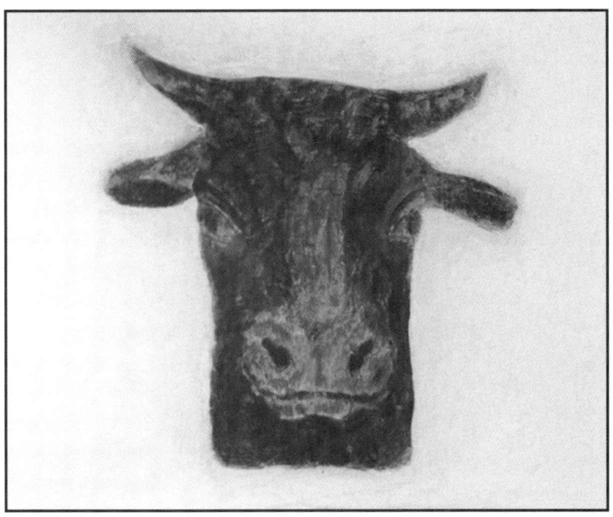

Weder Segenszeichen noch Abwehrzauber: Franz Marcs Stierkopf auf der Staffelalm (Jachenau)

6. Almwirtschaft heute

Die Frage nach dem Sinn und dem Zweck heutiger Almwirtschaft ist nicht zu beantworten ohne auf die Situation der Landwirtschaft im Allgemeinen kurz einzugehen. Über 80 Prozent der Fläche Bayerns werden – man höre und staune – immer noch land- und forstwirtschaftlich genutzt. Sollten allerdings Baulandausweisungen und sonstiger Landverbrauch in gleichem Maße sich fortsetzen wie es derzeit geschieht, so wird auch dies sich bald ändern. Gesetzgeberische Maßnahmen wie es sie in den 70er Jahren bereits gab und wie sie aktuell wieder diskutiert werden, sollten schnellsten ergriffen werden. Es ist nämlich längst nicht mehr fünf vor zwölf, sondern schon viel später! Gegenwärtig ist Bayern, obwohl es sich rühmen kann, Hochtechnologiestandort Nummer Eins zu sein, immer noch ein Bauernland. Mit dem kabarettistisch so leicht auszuschlachtenden Slogan „mit Laptop

Mit Laptop und Lederhose, zumindestens fast: Der Probstbauer aus Reitham bei der Arbeit

und Lederhose" war eigentlich nichts anderes gemeint. Bis jetzt hat sich Bayern seine verhältnismäßig kleinteilige Landwirtschaft erhalten, die ihm in Jahrhunderten jene reizvolle kulturlandschaftliche Prägung verlieh, die wir so lieben, die ihm unendlich viel Charme und Lebensqualität verleiht und die es Jahr für Jahr natürlich auch zum Ziel von Erholungsuchenden aus nah und fern macht. Ein nicht zu unterschätzender Wirtschaftsfaktor, der in die Zukunft weist und einer der wichtigsten Standortvorteile unserer Region ist. Welch alptraumhafte Vorstellung hingegen wären Monokulturen, Tierfabriken, zusätzliche riesige Laufställe in der jetzt noch unverstellten Landschaft. Die schmucken Bauernhöfe daneben dienten bloß noch als Staffage, Almböden und Hütten würden zum großen Freilichtmuseum, aufwändig erhalten von noch zu schaffenden teuren Institutionen. Ein Disneyland in Reinkultur, horrormäßiger Kulissenzauber, dazwischen dürfen ein paar „Ureinwohner" in Tracht als Attraktion und pittoreske Anschauungsobjekte herumspazieren. So gesehen gibt es weder aus ökologischer noch aus wirtschafts- und gesellschaftspolitischer Sicht eine Alternative zur bäuerlichen Landwirtschaft!

Über Jahrhunderte hinweg hatte sich im Ablauf bäuerlichen Wirtschaftens nichts grundlegend geändert. Für

Blick auf Bayrischzell mit seiner kleinteiligen, noch sehr intakten Dorfstruktur

Landesherrn und Städte war lange Zeit ein fruchtbares Umland die Quelle des Wohlstandes. Dies änderte sich erstmals entscheidend mit dem Aufkommen industrieller Fertigungsmethoden – an anderer Stelle war bereits davon die Rede. In den letzten 50 Jahren musste die Landwirtschaft allerdings zusätzlich Umstellungen bewältigen, die historisch gesehen, einmalig waren. Der Fortschritt in Biologie, Mechanisierung und Organisationswesen (kein Bauer mehr ohne PC), der Wandel vom Mangel zum Überfluss an Nahrungsmitteln, der Strukturwandel ganz allgemein, das alles ist weit über bisherige Horizonte hinausgegangen. Viele bäuerliche Lebensgewohnheiten wurden im Zuge dieser Entwicklung durch neue Verhaltensformen, durch sich daraus ergebende Mentalitätsveränderungen abgelöst. Der Bauer wird zum Rentenberechtigten, zum Empfänger staatlicher Fördermittel, was zu einer enormen Bürokratisierung der Arbeitsabläufe beiträgt und sicherlich auch in gewisser Weise abhängig und unfrei macht. Die Autarkie des Bauernstandes ist ohne Zweifel stark eingegrenzt. Dass er gar der „Herrengunst und schleichender Enteignung" ausgesetzt ist, wie Helmut Silbernagl dies provokant und kämpferisch in seinem Almbuch formulierte, ist eine persönliche und sicher für manchen so empfundene Sichtweise. Frei ist nur der, der ganz auf eigenes Risiko und ohne fremde Unterstützung lebt. Wer kann das schon von sich sagen? Wir sind alle eingebunden in einen sozialen Gesamtkontext des Gebens und Nehmens, der allerdings einigermaßen ausgewogen und gerecht sein sollte.

Der Bauer von heute ist neben seiner ureigenen Aufgabe als Produzent hochwertiger Nahrungsmittel auch einer Dienstleistung verpflichtet, nämlich der der Landschaftspflege im Verein mit dem Naturschutz und gewinnt damit im öffentlichen Bewusstsein mehr und mehr an Bedeutung. Felder, Wiesen und Wälder im Tal und auf den Bergen sind in die Obhut des Bauern gegeben, eine gesellschaftspolitische Aufgabe, die in ihrer Tragweite für eine lebenswerte Zukunft kaum abzuschätzen ist. Gerade hierfür braucht es einen entsprechenden agrarpolitischen Rahmen, der natürlich auch die finanziellen Mittel umfasst. Mit der Erhaltung der Landwirtschaft geht die Sicherung unseres ländlichen Raumes einher, so viel ist gewiss. Gleichzeitig stellt dabei die bäuerliche Landwirtschaft ihre geistige Mobilität unter Beweis. Landwirte haben heute beste berufliche Aus- und Fortbildungsmöglichkeiten, zeigen viel Bereitschaft zur Kooperation, haben ein gutes Gespür für Innovationen und Spielräume, unternehmerischen Mut zum Risiko und eine feste Verankerung in einer berufsständischen Solidarität und bäuerlichen Tradition. Beste Voraussetzungen, um den Anforderungen einer sich ständig vergrößernden europäischen Gemeinschaft und einer zunehmend globalen Weltwirtschaft gerecht zu werden.

Kehren wir zur Almwirtschaft zurück, für die als Teil des Ganzen die gleichen soeben genannten Prämissen gelten. Auch hier liegt ein großes Augenmerk auf der Sicherung des ökologischen Gleichgewichts, auf der Erhaltung eines Natur- und Kulturraumes, der ohne die schonenden pflegerischen Maßnahmen des Almbauern nicht möglich wäre. Das Brachfallen von Kulturflächen des ohnehin schon gequälten Alpenraumes wäre eine Katastrophe mit weitreichenden Folgen wie Verkarstung, Vermurung, fortschreitenden Erosionen und zunehmender Lawinengefahr, ein Rückfall hin zur „Urlandschaft", an der auch unsere Erholungsuchenden kaum Gefallen fänden. „Wo koa Rindviech mehr frisst, fahrt koa Preiss mehr hi", so lautet eine alpenländische Spruchweisheit. Aber bleiben wir der Seriosität verpflichtet! Es ist dieser Aspekt der Kulturlandschaftspflege immer wieder an erster Stelle zu nennen, denn unsere Almböden sind künstlich geschaffene Ökosysteme, die nur durch ständige Bearbeitung stabil gehalten werden können. Ganz allein vom wirtschaftlichen Standpunkt her betrachtet erscheint die Existenz so mancher Alm heute bedeutungslos. Um so wichtiger deswegen sind auch hier die staatlichen Fördermaßnahmen wie z.B. das EG-Bergbauernprogramm, die eine Sicherung der Almwirtschaft auch langfristig gewährleisten.

Die eigentliche Hochstufe der Almwirtschaft mit Sennereibetrieb gehört heute weitgehend der Vergangenheit an, wir erwähnten dies bereits. Die Sömmerung von Jungvieh

Konditionstest für das Jungvieh: Die Sömmerung auf der Alm

ist die am meisten verbreitete Form der Almwirtschaft geworden, wobei die Erzeugung von Zuchtvieh im Vordergrund steht. Hierbei ist immer noch festzuhalten, dass die Älpung einen natürlichen und individuellen Konstitutionstest darstellt und ein Gegengewicht bildet zu den verweichlichenden Einflüssen der Domestikation.

Zweifelsfrei wird durch den Aufenthalt auf der Alm, durch die gesunde und nährstoffreiche Ernährung, die Lebens- und Nutzungsdauer, die Leistungsfähigkeit der Tiere erhöht. Immer noch gibt es erfreulicherweise einige Bauern, die sich den „Luxus" leisten, wenigstens ein paar Stück Milchvieh aufzutreiben. Hierfür und höchstens noch für sehr ungünstig gelegene Almen braucht es qualifiziertes Personal. Frauen scheinen, wie es eigentlich immer schon war, hierfür prädestiniert zu sein und leisten hervorragende Arbeit. Personal aus den eigenen Reihen, also aus dem bäuerlichen Umfeld, ist natürlich am gefragtesten, aber auch rüstige Rentner und Studenten kommen immer mehr zum Einsatz und wenn sie die richtige Einstellung mitbringen, eine ehrliche Motivation und Fachkenntnisse, dann ist nichts dagegen einzuwenden. Frische Milch und Butter, ein Stück selbstgemachter Kas und ein gutes, vielleicht auch noch frisch gebackenes Brot, dies nach einer anstrengenden Wanderung mit wenigen Gleichgesinnten auf der Bank vor einer Alm genossen, gehört mit Sicherheit zu den Köstlichkeiten dieser Welt. Dass sich damit dennoch kein großer Gewinn erwirtschaften lässt, braucht kaum erwähnt zu werden. Wie schön aber, wenn das allein einmal nicht der einzige Maßstab ist! Aller Fortschritt, wenn es denn einer ist, wird jeweils mit großen Verlusten erkauft und so ist es wohltuend, wenn mancherorts die Zeit noch ein wenig still steht, auch wenn es nur so scheint.

Auch der Almwirtschaftliche Verein Oberbayern (AVO) mit seinem Sitz in Miesbach, der schon 1947 gegründet wurde, weiß, was er an seinen Sennerinnen und Sennern hat. Als Dankeschön führt er alljährlich eine Ehrung der Almleute durch, wobei es ab 10 Almsommern eine Urkunde gibt. Auszeichnungen für 40, 50, ja 60 Almsommer hat es schon gegeben! Die Aufgaben dieses Vereins liegen in der Förderung der Almwirtschaft durch enge Zusammenarbeit mit den entsprechenden Behörden und dem

Die einmal im Jahr stattfindende Almbegehung dient dem Gedankenaustausch und der Information.

Bayerischen Bauernverband. Der Zweck des Vereins ist, durch die Almwirtschaft die Kulturlandschaft in der Alpenregion Oberbayerns nach gesetzlichen Maßgaben zu sanieren, zu pflegen, zu gestalten und zu fördern. So steht es in den Statuten und dass dies Sinn macht, sollte unsere Darstellung verdeutlichen.

Ein noch immer nicht ganz gelöstes Problem auch der heutigen Almwirtschaft ist das der Trennung von Wald und Weide, das wir in seinen doch recht komplizierten Auswirkungen auch hier nicht erschöpfend darstellen können. Die Grundlagen dafür wurden bereits mit dem Forstrechtsgesetz von 1958 geschaffen und die Almbauern sind auch grundsätzlich für einen Abbau ihrer Waldweiderechte, wenn akzeptable flächenmäßige Ersatzangebote gemacht werden. Hierin allerdings liegt häufig das Problem, denn allein schon die Berechnung dieser Ersatzangebote, die sich aus dem durchschnittlichen Auftrieb der mindestens letzten 10 Jahre herleiten, führt häufig zu nicht unerheblichen Meinungsverschiedenheiten. Ein weiteres Programm, 1984 vom Landtag als Bergwaldbeschluss verabschiedet, kam zunächst ebenfalls langsam voran, denn die meisten Bauern wollen eben lieber Tauschflächen anstelle einer Geldablösung. Weniger Weidegrund würde die Reduzierung des Viehbestandes bedeuten, was natürlich an die Existenz vieler landwirtschaftlicher Betriebe rührt. Festzuhalten bleibt, dass die Trennung von Wald und Weide eine wichtige agrarpolitische Aufgabe ist und mit der Gefährdung des Bergwaldes zunehmend an Bedeutung gewinnt. Almbauer und Forstmann müssen hier zu einer Einigung kommen, wobei keiner das Gefühl der Übervorteilung haben sollte. Inzwischen ist das Agrarministerium mit einer jüngst vorgelegten Zwischenbilanz recht zufrieden. Waren 1958 noch 120000 Hektar Staatswald mit Weiderechten belastet, so sind es jetzt nur noch 55 000 Hektar. Nach Angaben des Forstministeriums gibt es noch immer rund 1200

Der vorbidlich ausgebaute und gut in die Landschaft eingebettete Weg auf die Moosenalm

Waldweiderechte für etwa 15000 Rinder, vor allem in den Bergwäldern Oberbayerns. Etwa 50 Prozent der noch bestehenden Waldweiderechte werden inzwischen nicht mehr genutzt.

Ein weiterer auch die Öffentlichkeit immer wieder bewegender Streitpunkt ist der des Almwegebaues, bei dem der Bund Naturschutz, der Deutsche Alpenverein und die Almbauern immer wieder aneinander geraten. Die einen werden als die Theoretiker aus den Schreibstuben bezeichnet, die anderen als die Praktiker, die vor Ort zurecht kommen müssen. Hier wie andernfalls haben Polarisierungen wenig Sinn, sondern nur ein Aufeinanderzugehen kann den Weg weisen, um ein landschaftsverträgliches und trotzdem funktionierendes Vorgehen zu gewährleisten. Tatsache ist, dass die Möglichkeit der Aufrechterhaltung einer Alm, also ihre versorgunsmäßige Erreichbarkeit, im Vordergund stehen soll, Tatsache ist ebenfalls, dass es zwar auch eine Hubschrauberversorgung geben kann, die aber sehr kostenintensiv ist und eine ständige Erreichbarkeit der Alm nicht gewährleistet. Was bleibt, ist die Möglichkeit des sorgfältig gelegten Wegeverlaufs, eine schonende Bauausführung mit einer möglichst guten Einbindung in die Landschaft und eine erträgliche Wegbreite nicht über 2,50 Metern. Ein bereits sehr hoher Anspruch, der, wenn er denn erfüllt wird, niemandes Widerspruch, auch nicht den des so gestrengen Naturschutzes, herausfordern wird. Als besonders gelungene Beispiele solchen Anspruchs dürfen die Wege auf die Kleintiefentalalm unterhalb der Rotwand und zur Neuhüttenalm unterhalb des Seebergs genannt werden.

Almen gehören zu den ältesten und ehrwürdigsten Kulturformen der Menschheitsgeschichte, so formuliert es die Volkskunde. Beschlossen seien diese Betrachtungen mit einem sehr schlichten Satz, der aber auch nichts anderes meint: Almen sind ein Stück Heimat, zu bewahren und zu schützen für eine lebens- und liebenswerte Zukunft. ■

Almauftrieb

Für jeden Almbauern und seine Almbeschicker ist der Almauftrieb ein wichtiges Ereignis im Jahreslauf. Die Auftriebszeiten sind abhängig von der jeweiligen Höhenlage der Alm und von den Witterungs- und Wachstumsbedingungen im Frühjahr. Die ersten Almen können schon Mitte Mai beschickt werden, bei einigen zögert sich der Auftrieb bis Ende Juni hinaus. ■

Almauftrieb am Königssee

von Claudia Funk

Der Weg über den Königssee führt auch für das Vieh an der berühmten Wallfahrtskapelle St. Bartholomä vorbei.

Es ist 7 Uhr in der Früh: Die beiden miteinander verbundenen Flachboote mit Elektromotor, ihrer Form wegen „Schaffe" genannt, sind schwer beladen. Wie jedes Jahr bietet sich an diesem kalten Morgen im Mai ein seltsam faszinierendes Bild am Königssee: eine Kuhherde auf dem Wasser.

Der Almauftrieb beim Graflbauern ist schon wegen des Weges ungewöhnlich: vom Hof steil bergab in den Talgrund und weiter zum Königssee, wo die Tiere in den mit einer sogenannten Bühne ausgestatteten Landauer steigen müssen, um über das Wasser zu gelangen. Eine knappe Stunde dauert die Überfahrt zur Saletalm, die sich der Resch Stefan und der Hofreiter Max teilen. Zweimal im Jahr, zum Auf- und Abtrieb, haben sie ihre Herden über den See zu bringen. Ganz ruhig stehen die Kühe auf der Ladefläche. Gelassen und an die Prozedur gewöhnt die älteren, vorne im Schiff, mit Decken geschützt und vom Bauer gehalten, die kleinen Kälber. Bei so viel Umsicht verwundert es nicht, dass es beim Graflbauer zumindest noch nie zu einem größeren Unglück gekommen ist. Vier oder fünf Jahre ist es her, da ist allerdings einmal eine Kuh ins Wasser gefallen, an einer Stelle, wo sie noch stehen konnte. Sie stieg selbst an Land und passiert ist weiter nichts. Aber auch im tieferen Wasser bestünde keine Gefahr, denn Kühe können schwimmen und paddeln normalerweise wie ein Hund in Sicherheit.

Am jenseitigen Ende des Sees angelangt, führt der Leitner Hans sein Vieh am Obersee auf einem schmalen Steig weiter. 1964 hat man ihn zur Entschärfung des bis dahin halsbrecherischen Weges zur Fischunkelalm aus dem Fels gesprengt. Ein ungefährlicher Spaziergang ist es aber immer noch nicht, den die Tiere an dieser Stelle zu bewältigen haben. Auf der einen Seite die Felswand, auf der

Die 13-jährige Stute Graciella, wohlbehütet und gepflegt von der Sennerin Sonja Korherr, darf diesmal auch mit auf die Saletalm.

Der Hölzl Georg hat seine Rinder „in Pension" auf der Saletalm. Bei Verladung und Überfahrt ist er natürlich mit dabei.

anderen steile Abhänge, so gehen sie vorsichtig eins hinter dem anderen, bis sie schließlich gegen 9 Uhr die Fischunkelalm, einen Doppelkaser, erreichen. Einsam und geduckt liegt die große Hütte am Ende des Talkessels. Saftiges Weideland ringsum, auf dem sich's die Ankömmlinge, elf Kühe, zwei Kälber und ein Stier, einen Sommer lang gut gehen lassen. Die Bäuerin und die zukünftige Schwiegertochter schauen nach dem Rechten und richten die Brotzeit her für die Bergwanderer, die spätestens ab 10 Uhr die Einsamkeit durchbrechen.

Der Name „Fischunkel", der sicher noch älter ist, taucht erstmals in schriftlicher Erwähnung in einer Urkunde des Jahres 1125 auf, in der Graf Berengar von Sulzbach die Besitzgrenzen des ersten Berchtesgadener Propstes bestätigt. Eine andere Urkunde bezeugt, dass die Fischunkelalm seit über 500 Jahren ohne Unterbrechung zum Grafllehen gehört. Wie anderswo, so waren auch im Berchtesgadener Land die Bauern des frühen Mittelalters Leibeigene, die ihre Höfe als Lehen bewirtschafteten, was sich bis heute in den Namen widerspiegelt, so wie beim Grafllehen, das dem Leitner Hans gehört. Die Fischunkelalm hatten seine Vorfahren wohl 1377 auf der Grundlage des sogenannten „Landbriefes" Propst Ulrichs erworben, der trotz Leibeigenschaft in gewissen Grenzen den Erwerb, Verkauf und das Vererben von Bauerngütern gestattete. Und so wird die Alm seit über 500 Jahren von Generation zu Generation weitergegeben.

Bis Mitte Oktober wird die Alm befahren und alles, was die zwei Frauen in dieser Zeit benötigen, muss der Bauer mühsam mit dem Boot herübertransportieren. Dabei heißt es mehrfach auf- und abladen: aufladen zum Überqueren des Königssees, abladen an dessen Ende. Aufladen auf die Schubkarre für das Zwischenstück zwischen

Königs- und Obersee, an dem kleineren der beiden Gewässer abladen. Mit dem zweiten Boot über den Obersee übersetzen bis zur Fischunkelalm, dort anlegen. Ein letztes Mal abladen, alles zur Hütte transportieren und an der richtigen Stelle verstauen. Die ganze Prozedur mit jedem Kilo Mehl, mit jedem Kasten Bier damit Wanderer, die einkehren wollen, versorgt werden können. Eine schweißtreibende Angelegenheit und viele Male wiederholt in knapp fünf Monaten Almzeit. Dafür sind danach die Tiere so gut anzuschauen und wohlgenährt, dass man sie kaum wiedererkennt. So ging es vor zwei Jahren zumindest einem Bauern, der seine Tiere dem Resch Stefan als Pensionsvieh auf die Saletalm mitgab. Beim Verteilen am Ende des Almsommers blieb ein Tier übrig, das der Besitzer als das seinige nicht so ohne weiteres erkannte, weil es gar so rund und gesund daherkam. Erst die Ohrmarke brachte es an den Tag. ■

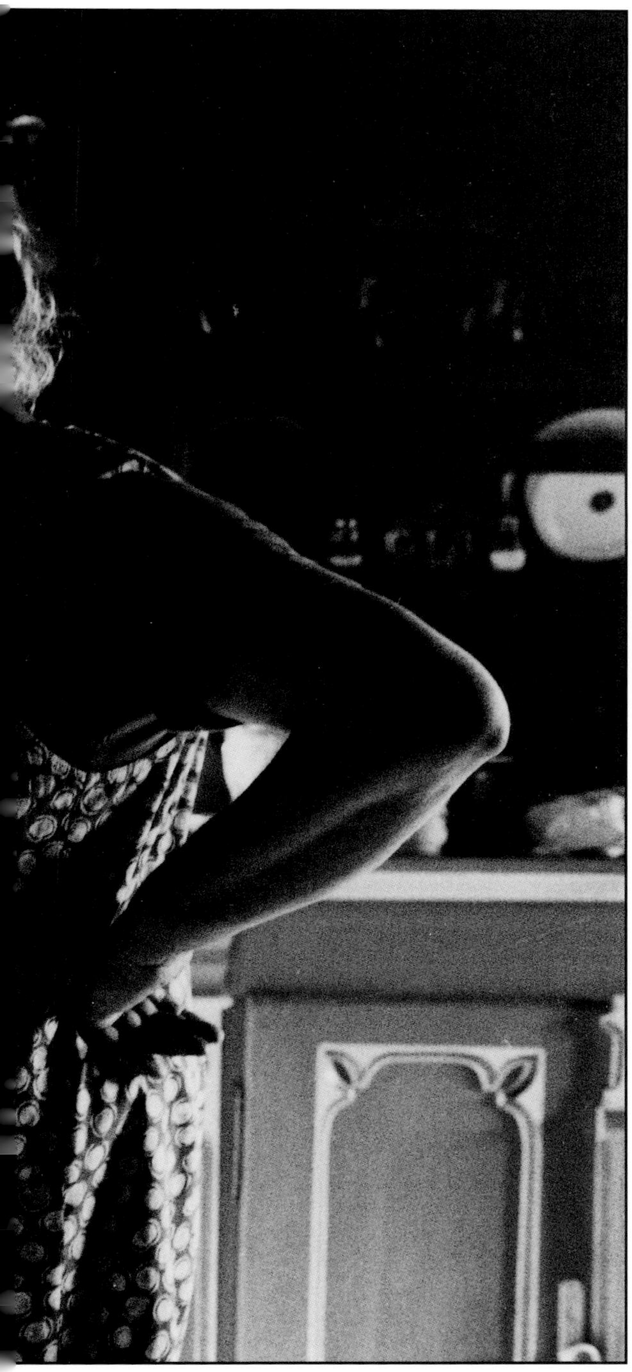

Willi und Maria

waren, wenn man so will, die Auslöser für dieses Buch. Beim Auftrieb vor gut drei Jahren machte ich die ersten Fotos. Oben auf der Petzingalm mit Nieder- und Hochleger entstand dann, nachdem wir uns näher kennengelernt hatten, eine echte Freundschaft. So fotografierte ich bei Willi und Maria auch die beiden unten stehenden Bilder, die beim Fotowettbewerb als Siegerfotos (3. Preis) ausgewählt wurden. Willi und Maria gehen seit vielen Jahren für den Litzlauer Bauern aus Parsberg auf die Alm, in der Ferienzeit tatkräftig unterstützt vom Kühbua Thomas Huber, ihrem Enkelkind. Aber auch die Kinder vom Bauern lassen sich des öfteren heroben sehen und das auch wegen der selbstgemachten Almbutter, die besonders gut schmeckt. ■

Alois Rieger *ist seit 50 Jahren als Senner auf der Wettersteinalm (Genossenschaftsalm) im Werdenfelser Land. Zum „Hirten" fährt er den weitläufigen Almboden tagtäglich mit seinem geländegängigen Motorrad ab.*

Claudia Friedl – *gelernte Reisebürokauffrau – verbrachte ihren 4. Almsommer auf der Jochbergalm im Chiemgau. Die drei anderen Sommer verbrachte die 37-Jährige jeweils auf einer anderen Alm in verschiedenen Regionen.*

Die Mure

Aus dem Geröllfeld des Dürrmiesing (Gemeinde Bayrischzell) löste sich am 22. 11. 1996 eine riesige Mure und verwandelte damit die Gegend regelrecht in eine noch heute so zu besichtigende Mondlandschaft. Der Fahrweg zur Kleintiefental- und Krottentalalm war meterhoch überschüttet. Erst zum Abtrieb 1997 war der Weg wieder soweit fertig, dass das Almvieh auf dem kürzesten Weg ins Tal zurückkehren konnte.

Die Forstverwaltung Schliersee hatte es geschafft, mit den besten Fachleuten und Spezialisten den Weg über die Mure wieder herzustellen. ■

Impressionen

INRI

Milch-Kas
Brotzeit

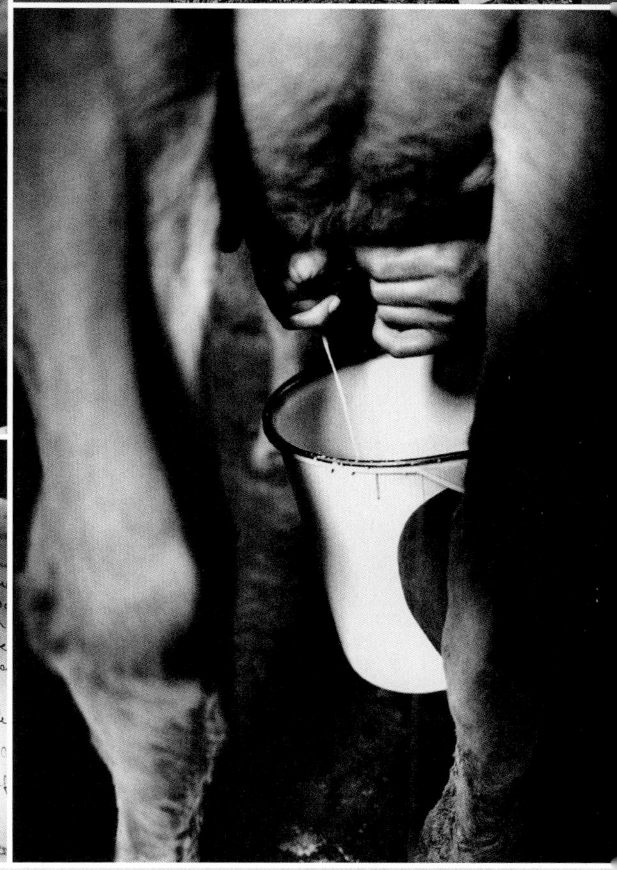

86 930
86 930

Bitte Gatter immer
schließen

Almauftrieb in der Jachenau

von Claudia Funk

Die Mare, Tante vom Sepp Orterer in Berg, beobachtet interessiert den Aufbruch der Herde in Richtung Pessenbacheralm.

Der Sepp mit seinen Rindern unterwegs zu seiner Alm unterhalb vom Schwarzenbergkopf.

Die älteren, schon erfahreneren Tiere haben es durchaus nicht eilig. Sie gehen in ihrem eigenständigen, gemessenen Trott, das neugierige Drängeln der jungen Kälber nach vorne schert sie wenig. Zweieinhalb Wegstunden haben die Tiere vor sich, die Schritte werden allmählich langsamer, noch schwerfälliger, die Köpfe hängen und das anfangs so muntere Jungvieh ist ans Ende des Zuges zurückgefallen.

Behutsam hat der Orterer Sepp sein Jungvieh auf den Tag des Almauftriebes vorbereitet. Nach den langen Monaten des Winters und Frühjahrs geht es zunächst an die Klauenpflege. Wichtig ist nun vor allem die Umstellung vom Trocken- auf das Grünfutter und der anschließende Austrieb auf die Heimweide, wo sich die Kälber bewegen, an die Nächte im Freien und an das Geläut der Glocken gewöhnen können.

Jedes Jahr um den 15. Juni geht es hinauf auf den Niederleger, die Pessenbacheralm. Es ist dies eine sogenannte „Berechtigungs- oder Servitutsalm", wie sie im Gegensatz zu den übrigen Almgebieten Oberbayerns vorwiegend im Ruperti- und Chiemgau, im Werdenfelser Land und auch in der Jachenau vorkommt. Durch die Mongelas'sche Neugliederung des bayerischen Staates und die daraus resultie-

Die vom Sepp so genannte „mobile Zaunführung" hält die Jungtiere auf dem Weg.

rende Säkularisation im Jahr 1803 fielen die enteigneten Klostergüter, auch das Recht an Holz und Alm, an den Staat. Den Bauern blieb das Recht, auf ihren angestammten Almen mit einer vorgegebenen Anzahl Vieh innerhalb einer bestimmten Weidezeit zu wirtschaften. Trotz des massiven Protestes der Jachenauer Bauern und ihrer Drohung, den verlockenden Angeboten der Zarin Katharina II. zu folgen und nach Bessarabien, dem heutigen Moldawien, auszuwandern, konnten sie ihr Eigentumsrecht nicht durchsetzen. Die Berechtigungswirtschaft wurde als geltendes Recht notariell beglaubigt und hat bis heute Gültigkeit, was besagt, dass den Bauern zwar Almhütten und Weiderecht gehören, nicht aber der sie umgebende Grund und die Wiesen.

Um sie vor der bereits kräftigen Sommersonne zu schützen, sollen die 23 Kälber ihren langen Almweg um 6 Uhr abends antreten. Zwei Tiere stellen sich bei der letzten Begutachtung allerdings als noch untauglich heraus und werden später nachkommen. Das eine ist fußkrank, das heißt, es lahmt, das andere ist bereits stierig und soll vorher noch besamt werden.Die kleine Prozession zieht nun am eigenen Hof vorbei, die neun Jungtiere rangeln um die vorderen Plätze, während die älteren sich hinten Zeit lassen.

Ein schöner Rücken kann auch entzücken.

Durch ein kleines Waldstück, am Eisplatz vorbei, geht es auf das Dorf Jachenau zu. Die Tiere sind sichtlich nervös, das Glockengeläut ist weithin zu hören. Es folgt nun ein Stück auf der Landstraße, immer schwierig, weil Autofahrer ja grundsätzlich in Eile sind und weil ein eventueller Kratzer im Lack durch ein zu nahe kommendes Rindvieh eine mittlere Katastrophe wäre. Streitfälle mit Regressansprüchen kommen häufig genug vor. Um so besser, wenn wenig Verkehr ist, so wie heute. Die Herde passiert das Dorf und biegt nach etwa 100 Metern in den Forstweg ein, der hinauf zur Alm führt. Hier, auf diesem Weg, bewährt sich die vom Sepp so genannte „mobile Zaunführung". Der erste der drei Treiber hat die Spule eines Elektrozaunes bei sich, der zweite, der Bruder vom Sepp, rollte die Schnur ab und gibt sie an den Vater, der hinten geht, weiter. So entsteht nach einer Seite hin eine sich mit der Herde bewegende Absperrung, die die Tiere davor schützt, vom Weg abzukommen, an steilen Stellen gar abzustürzen oder sich in den Wald zu verirren. An der Wegbiegung, die die Almerer „Allradkurve" nennen, geht die Herde hübsch brav hintereinander, allen voran die zwei älteren Tiere, dann die jüngeren, ein Kalb nach dem anderen, zuletzt die Schar der „Heißsporne", die es am Anfang so eilig gehabt haben. Es geht jetzt langsamer voran, aber man liegt noch gut im Schnitt. Beim steilen Stück springt Elisabeth, eine erfahrene Sennerin, bei den Treibern mit ein, um die müden Tiere sicher hinauf zu bringen. Sie spart nicht mit aufmunternden Zurufen und bei allmählich einbrechender Dunkelheit erreicht die Herde schließlich die Pessenbacheralm. Hier bleiben die Tiere 10 bis 14 Tage zum Verschnaufen. Dann geht's noch einmal eine Stunde hinauf zur Sommerweide auf dem Hochleger, der Staffelalm, wo die Tiere, wenn alles gut geht und das Wetter hält, bis Anfang Oktober bleiben. ■

Die Tiere freuen sich nach einem mühsamen Aufstieg auf ihre Sommerfrische in 1300 Metern Höhe im schönen Weidegebiet von Staffel- und Pessenbacheralm.

Sebastian Mayer *ist Almerer auf der Grund- und Kreuzbergalm (Bayrischzell). Sein Almgebiet verläuft über die Grenze nach Tirol. Dort beobachtet er nach getaner Arbeit recht gern die vielen äsenden Gemsen.*

Anton Maier, *aus Elmau in Rottach-Egern, langjähriger Bezirksalmbauer, erfolgreicher Rinder- und Pferdezüchter. Auf seiner Wechsel- und Sieblialm sind neben dem Jungvieh auch alle Milchkühe.*

Zaunarbeiten

Der Mundl, Günther Herein, trägt die Stempen zum Zäunen auf der Bucklkraxen hinauf auf seinen Almboden. Zäunen ist nach wie vor eine ganz wichtige Arbeit in jedem Frühjahr vor dem Auftrieb und später, wenn vom Nieder- auf den Hochleger umgefahren wird. Almzäune, manchmal kilometerlang, spielen eine wichtige Rolle zur Besitzabgrenzung und um das Vieh an steilen Stellen vor dem Absturz zu bewahren. Heutzutage wird vermehrt ein Elektrodraht mit Steckpfosten verwendet, der relativ schnell auf- und abgebaut ist.

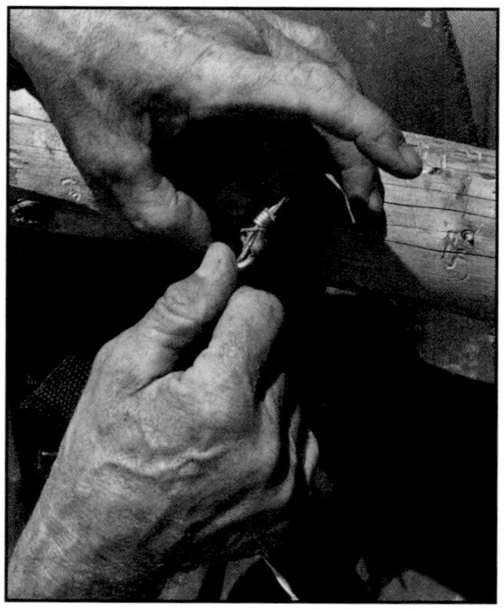

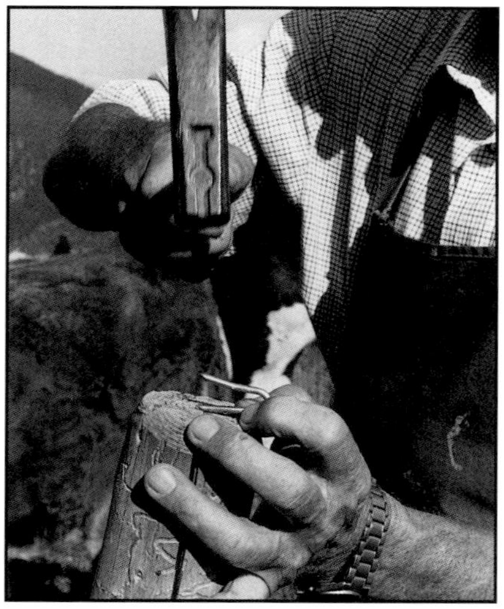

Bei der Agnes Weiss

von Claudia Funk

Auf der Unteren Schönfeldalm (Spitzinggebiet): Die Kälber werden mit der frischen Magermilch versorgt.

„Alles hat seine Zeit", sagt die Weiss Agnes, und sie muss es wissen. Mit drei Jahren war sie zum ersten Mal herobenauf dem Niederleger und dem Hochleger, der Valeppalm und der Unteren Schönfeldalm im Spitzinggebiet. Jetzt ist sie 30 und kann sich durchaus vorstellen, den Sommer auch im Tal zu verbringen. Ganz im Gegensatz zu ihren Kindern. Franziska geht gerade in die erste Klasse und sie mag sich gar nicht vorstellen, wegen der Schule unten bleiben zu müssen, während der etwas jüngere

Bruder Florian mit auf die Alm darf. Da hatte selbst die Lehrerin ein Einsehen und konnte die Agnes umstimmen. Die Mutter will es den Kindern eigentlich auch nicht verwehren, schließlich werden sie so schnell größer und wer weiß wie lange sie noch ein Interesse daran haben. Seit sie drei Monate alt waren, durften die Kinder mit ihr oben sein und haben diese Lebensform quasi mit der Muttermilch aufgesogen.

Damals war der Tag besonders lang und anstrengend für die Agnes. Um 4 Uhr in der Früh stand sie auf, um das Vieh zu versorgen, bevor die Kinder aufwachten und ihrerseits alle Aufmerksamkeit verlangten. Diese gleichmäßige Sorge für Mensch und Tier war immer ein Balanceakt, der oft schwer zu halten war. Sie erinnert sich genau.

Einmal, als es im September bereits schneite und sie deshalb nach ihrem Vieh schauen musste, blieb der Säugling allein in der Hütte. Schnee und Wind drückten den Rauch in den Kamin und als sie zurückkam, fand sie die Stube, in der das Kind lag, ziemlich verräuchert vor.

Jetzt, wo die Kinder größer sind, kann die Agnes es ruhiger angehen lassen. Gegen 6 Uhr steht sie auf, macht die Kinder fertig und bringt sie in die Schule beziehungsweise in den Kindergarten nach Schliersee. Erst danach versorgt sie das Vieh. In ihrem Fall erweisen sich das eigene Auto und die Almstraße als besonders wichtig. Aber auch die Melkmaschine und der automatische Separator, der die Milch in Rahm und Magermilch trennt, erleichtern die Arbeit erheblich. Die wunderbar frische und garantiert biologische Butter macht sie inzwischen ebenfalls elektrisch; die feste Kundschaft im Tal freut sich schon ab Anfang Juni auf das, wegen der saftigen Wiesenkräuter, stets besonders schmackhafte Almprodukt. Bei der Agnes heroben kann man Butter und Käse natürlich direkt kaufen, allerdings hat die Nachfrage in der letzten Zeit etwas nachgelassen. Die zunehmende Sparsamkeit der Touristen sowie die Verunsicherung durch Landwirtschaftsskandale hinterlassen offensichtlich auch hier ihre Spuren.

Agnes Weiss hat nicht wenig Mühe, um Hütte, Stall und Gerätschaften gewissenhaft sauber zu halten.

Der Vormittag ist nach wie vor sehr arbeitsintensiv, sodass sie erst ziemlich spät und kurz bevor sie die Kinder wieder abholt, selbst zum Frühstücken kommt. Der Nachmittag vergeht mit Kochen, mit dem Säubern von Hütte und Wassertrog oder mit der Almpflege. Dazu gehört auch das sogenannte „Schwenden" das bedeutet das Entfernen von natürlichem Holzaufwuchs zur Freihaltung der Lichtweideflächen. Dieser, die Weiden schnell zuwuchernde „Anflug", muss regelmäßig beseitigt werden. Dazu befreit sie die Flächen von Silberdisteln und Steinen, denn ein alter Spruch sagt zu Recht: Oa Stoa is a Maul voll Heu, das heißt, jeder zuviel herum liegende Stein raubt der Kuh ein Maul voll Futter.

Gegen 5 Uhr am Nachmittag muss Agnes zum zweiten Mal melken und separieren, anschließend die Kälber mit Magermilch tränken. Die Kühe und Jungtiere nächtigen im Freien, jede Herde der jeweiligen Hütte, sowohl als auf Nieder- als auch auf Hochleger, auf einem eigenen Fleck. Nur so können alle Weiden gleichmäßig abgegrast werden und im Herbst, wenn nicht mehr so viel nachwächst, bleibt doch noch für alle genug. Im Idealfall hat die Agnes am Abend noch Zeit zum „Hausbankeln", was sie besonders genießt in der Idylle ihrer Bergeinsamkeit. Nur das leise Glockengeläut ihrer Tiere, von denen sie ein jedes beim Namen kennt, unterbricht die absolute Stille.

Und wahrscheinlich würde ihr das doch abgehen, sollte sie tatsächlich irgendwann den Sommer im Tal statt auf der Alm verbringen. ■

Agnes Weiss *mit ...*

Franziska und Florian, *ihren beiden Kindern.*

Plankenstein

Im Sommer Almerin, die auch noch buttert und kast, die andere Zeit des Jahres unterwegs als Weltenbummlerin: Das ist die tüchtige, junge Uschi Priller aus Fischbachau auf ihrer Alm am Plankenstein im Wallberggebiet. ■

Winklmoos

Sommer wie Winter herrscht tagsüber reger touristischer Betrieb auf der Winklmoosalm. Aber droben auf der Dürnbachalm, wo Doris Schuhbeck als Sennerin arbeitet, ist es still und einsam. Auch tagsüber, denn hier kommen selten Wanderer vorbei. ■

Johann Weiss - *fotografiert auf der Almbegehung im Berchtesgadener Land (Sommer 2001) – hat seine Pfeife auch dabei, wenn er mit seinen 64 Jahren zuhirtet auf der Frieder-Schafalm im Werdenfelser Land.*

Therese Niederberger *ist seit 31 Jahren als Austraglerin auf der Plattenalm (Chiemgau). Trotz Unterstützung lässt sie sich – mit ihren 83 Jahren – von der täglichen Almarbeit nicht abbringen.*

Beim Stefan Neumeier

von Claudia Funk

Stefan Neumeier, 28 Jahre, inmitten seiner Rinderherde auf dem Niederleger am Laber, dem Hausberg von Oberammergau.

Zwei, die sich verstehen: Der Almbauer Konrad Gerold und sein Hirte.

Ganz leise und mit dunkler Stimme ruft der Gerold Konrad aus Oberammergau seine Tiere: „Kemt's, da geht's her." Als hätte er an einem unsichtbaren Faden gezogen, lösen sich nach und nach Einzelne aus der großen Herde, wandern zu ihm herüber und scharen sich vertrauensvoll um den großen Mann. Sie holen sich ihre Streicheleinheiten ab: da ein paar liebevolle Worte, dort ein Kraulen am Hals, jedes wird begrüßt. Zufriedenheit spiegelt sich auf Konrads Gesicht als seine Tiere wieder zu den anderen zurückkehren. „Da feit se nix", sagt der Bauer und das ist das größte Kompliment, das er seinem Hirten, dem Neumeier Stefan, machen kann. Den zweiten Sommer ist der 28-jährige Stefan erst auf der Oberammergauer Genossenschaftsalm, wo er die Verantwortung für 86 Jungtiere von 12 Bauern hat. Aber ein G'spür und eine gute Hand für seine Schutzbefohlenen hat er bereits wie ein Alter. Dabei war es eher ein Zufall, dass er die Stelle als Genossenschaftshirte antreten konnte. Zwar hatte er es schon länger im Sinn, für seinen Nachbarn auf die Alm zu gehen, aber der richtige Zeitpunkt fehlte. Zuerst bei ihm – er heiratete und gründete eine Familie – dann beim Nachbarn, denn als Stefans früherer Arbeitgeber, eine Baufirma, pleite ging, war die Situation auf der Alm unklar. Der Bauer konnte ihm keine Zusage machen, weil seine bisherige Sennerin

Für die Rauchfeuer schichtet der Stefan Nadelholzzweige auf und vertreibt damit die für das Vieh lästigen Insekten.

sich noch nicht entschieden hatte, ob sie im darauf folgenden Sommer weitermachen wollte. Indirekt hat ihm der Nachbar aber dann doch noch zu einer Alm verholfen. Er gab Stefan den Hinweis auf eine Anzeige in der Zeitschrift „Der Almbauer", in der ein Hirte für Genossenschaftsalmen gesucht wurde. Solche Almen sind im Werdenfelser Land verbreitet, nahezu jeder Ort hat seine eigene. Dem Stefan war schon klar, was da auf ihn zukommen konnte. Im November bewarb er sich und bekam im Februar erst die Zusage – einheimische Bewerber aus Oberammergau hätten den Vorzug bekommen.

Anfangs ist er erst einmal mit dem Bauern mitgegangen, hat das Gelände gesichtet, Zäune aufgebaut und die Almen begutachtet. Drei sind es, ein Niederleger, ein Mittelleger auf 1100 Meter und der Hochleger auf 1300 Meter. Ein weites Gelände, und sobald die Tiere den Berg hinauf wandern, ist auch der Hirte den größten Teil des Tages unterwegs, um sie im Auge zu behalten. Acht bis neun Stunden ist er oft unterwegs, erzählt er, und hat dabei manchmal immer noch nicht alle zusammengebracht. Aber trotzdem es anstrengend ist und einem auch das Wetter übel mitspielen kann, war es für ihn nach dem ersten Jahr keine Frage, er würde wiederkommen. Das „Almfieber" hatte ihn befallen.
Man sieht, dass die Viecher die volle Aufmerksamkeit ihres Hirten haben. Jedem Einzelnen streut er Salz ins Maul, um sie an sich zu gewöhnen und sie später im Gelände leichter locken zu können. Und um sie wenigstens zeitweise von lästigem Ungeziefer zu befreien, brennt er Rauchfeuer ab. Ein Brauch der früher gang und gäbe war. Frische Zweige, vor allem Nadelholz, werden dazu in der Nähe des Niederlegers zu großen Haufen aufgeschichtet. Wenn sie brennen, vertreibt der aufsteigende Rauch die Bremsen. Die großen und besonders ekelhaften Kreuzbremsen und die kleinen, aber nicht minder aggressiven „blinden" Bremsen. Da es schon seit Anfang Juni sehr heiß war, treten sie in Massen auf und malträtieren die Tiere gerade an den Stellen, wo sie sie selbst kaum verjagen können, vor allem auf dem Rücken. Der Gröbler Adi hatte dem Stefan den Tipp gegeben, das Feuer unten am Niederleger zu machen, weil von hier aus immer ein leichter Wind den Berg hinaufzieht. So stehen die Tiere jetzt dicht gedrängt neben dem glimmenden Holzhaufen. Die große Hitze scheint ihnen nichts auszumachen. Mit gesenktem Kopf stehen sie ganz ruhig, die Hörner reichen fast bis an die glühenden Äste. Jeden Tag, solange es eben nötig ist, wird der Stefan sein Rauchfeuer anzünden, wahrscheinlich bis in den Juli hinein oder bis wieder längerer Regen einsetzt. Den Tieren ist es Erleichterung, dem Hirten ein Anliegen und dem Bauern eine Freude. ■

Umtreib'n extrem

Den wohl extremsten Steig in der oberbayerischen Almwirtschaft hat der Moignbauer (Franz Ertl) zu bewältigen, wenn er so um den 15. Juli seine 20 Stück Vieh vom Griesmannniederleger über den Grammersberg zum Wiesbauernhochleger im Moosengebiet (für sechs Wochen) treibt. Seit den 30er Jahren, als das Almrecht vom Moignbauer vom Krottenbach auf den nahe liegenden Grammersberg transferiert wurde, muss das Vieh jedes Jahr zweimal diesen halsbrecherischen Weg bewältigen. ■

Korbinian Oswald *und seine Frau Theresa, beide Austragler, sind den sechsten Sommer auf der Luitpolderalm (Jachenau), die in ihrem malerischen Dekor dem Talanwesen vom Riesch einzigartig gleicht.*

Katharina Kraus – *Bäuerin bis zu ihrem 60. Lebensjahr – ist als Austraglerin bereits den 23. Sommer Almerin auf der Büchsen- (Niederleger) und Gotzenalm, dem Hochleger im Nationalpark Berchtesgaden.*

Abendstimmung auf der Abergalm

Die Almerin und ihr Vieh: Bei der Elisabeth Gasteiger

von Claudia Funk

Als die Elisabeth Gasteiger noch auf der Oberen Schönfeldalm (Spitzing) war: Stolz zeigt sie ihr Butterbrett.

Frühmorgens lässt die Almerin ihre Kalma nach dem nächtlichen Eintun wieder ins Freie.

„Kann man jetzt wieder mit Dir reden?" So hat ein Freund Elisabeth Gasteiger nach ihrer Almzeit einmal gefragt und sie hat durchaus verstanden, was er damit meinte. „Wir Almleute waren schon recht eigen" so lacht sie selbst, „Außenstehende haben da leicht den Eindruck bekommen können, mit uns kann man nix Normales mehr reden, weil sich alles nur noch um die Alm dreht. Wir haben uns über solche Sachen wie Charaktereigenschaften von Kühen unterhalten. Einige haben uns, glaube ich, schon für ein bisserl g'spinnert gehalten."

Mit 21 Jahren ist sie das erste Mal als Almerin auf die Alm gegangen. Einen Sommer sollte es sein, fünf sind schließlich daraus geworden. Bis sie merkte, dass sie nahe daran war, „almsüchtig" zu werden und ganz bewusst die Entscheidung getroffen hat, wieder aufzuhören. Eigentlich ist sie Goldschmiedemeisterin. „Ich finde an meiner Zeit auf der Alm so beeindruckend", so meint sie rückblickend, „dass sich da oben alles aufs Wesentliche reduziert. Das Arbeiten und Denken wird ganz von den natürlichen Gegebenheiten, wie den Tieren mit ihren Ansprüchen, der Weide und nicht zuletzt dem Wetter bestimmt". Kein Wunder, denn ein Großteil der Almhütten sind klein, in ihrer baulichen Ausstattung einfach und für den Sommerbetrieb ausgelegt. Das Leben spielt sich hier hauptsächlich im Freien ab. Bei längeren Schlechtwetterperioden

kann es schon vorkommen, dass alle verfügbare Regenkleidung schon durchnässt am Herd hängt und man muss trotzdem nochmal los, weil man seine Schützlinge nicht alle gefunden hat. Das zerrt an den Nerven. Wer dann mit sich und der Natur nicht im Einklang ist, wird sich keinen zweiten Sommer antun. „Denn je ruhiger es um dich herum ist, desto lauter wird's in dir drinnen", so empfindet es Elisabeth.

Selbst Freundschaften reduzieren sich auf das Wesentliche. „Wenn Du erzählst, dass du auf die Alm gehst, will dich gleich jeder besuchen. Oft schauen aber gerade die vorbei, von denen man es am wenigsten erwartet hätte. Das freut einen richtig." Auch das war eine neue Erfahrung, ebenso wie die Tatsache, dass Almerinnen trotz der Abgeschiedenheit oft auf dem aktuellsten Informationsstand sind, weil jeder, der sie besucht das Neueste und Wichtigste erzählt und sie daher manches schon vor den nächsten Besuchern wissen!

Was das Leben auf der Alm aber bestimmt und zu etwas Besonderem macht, ist und bleibt die intensive Auseinandersetzung mit der Kreatur, mit dem anvertrauten Vieh, dem die Sorge von früh bis spät gilt. Es ist der Mittelpunkt, ihm allein gilt die ganze Aufmerksamkeit. Das enge Zusammenleben und die Möglichkeit zur Beobachtung lassen eine Beziehung entstehen, die im Tal so nicht möglich wäre. Dort wo die Ablenkungen des Alltags, der Familie, der Arbeit in Haus und Hof und vieles mehr im Vordergrund stehen, können Tiere keine solche Ausschließlichkeit beanspruchen.

Aus dieser Nähe zum Almvieh entstand natürlich so manche erzählenswerte Geschichte; eine davon ist die vom

„Boxer". Das Kalb gehörte dem Michlbauern für den Elisabeth auf die Alm gegangen war. Die Tiere waren noch auf der Heimweide als sie das erste Mal zu ihnen ging. Sobald sie sich näherte, senkte ein Kalb den Kopf und versuchte mit dieser Drohgebärde die Almerin ein bisserl „zu boxen". Der Bauer bestätigte, dass man sich der „Dame" unbehelligt nur nähern konnte, wenn man gut sichtbar einen Stock bei sich trug. Selbst auf der Alm legte der Boxer seine Aggressivität nicht ab, bis dann beim Umtreiben auf den Hochleger der Riemen der Glocke riss und das Tier einige Tage ohne herumlief. Und siehe da, plötzlich wurde es wesentlich ruhiger und zugänglicher. Nach zaghaften „Selbstversuchen" konnte der Stock weggelassen werden. Einen Sommer später, das Kalb war nun eine stolze Kalbin, gab's wieder Schwierigkeiten, Boxer ging mehrmals Wanderer an. Elisabeth erinnerte sich an die Sache vom letzten Jahr, regte an, es ohne Glocke noch mal zu versuchen und tatsächlich war ihre Vermutung richtig gewesen. Das Tier hielt sich nicht mehr für etwas Besonderes (was es mit Glocke offenbar tat), war wieder ein friedliches Herdenmitglied und brauchte nicht geschlachtet zu werden.

Trotz allem bleibt der Umgang mit Tieren immer eine gewisse Gratwanderung. „Man darf sich nicht auf der Nase herumtanzen lassen", meint Elisabeth, „du musst sie leiten, aber auch bereit sein, sich auf ihren natürlichen Instinkt einzulassen, den sie hier auf der Alm wiederfinden und der ihnen ziemlich genau eingibt, was gut oder schlecht für sie ist, dann passt's". ■

Christiane Poller - *die Almerin von der Oberen First – freut sich ganz offensichtlich über den Besuch vom Reinthaler Michi, Almerer von der benachbarten Anklalm im Spitzinggebiet.*

Hartl Engelman *war Almerer für den Georg Eham aus Althausham. 11 Almsommer umsorgte er mit besonderer Liebe die ihm anvertrauten Tiere, hier auf der Oberen Schönfeldalm, dem Hochleger.*

Klara Pfaffinger *hat ihr Leben quasi auf der Alm verbracht, denn heuer ist sie den 42. Sommer auf der Ackernalm am Geigelstein bei Sachrang. Arbeit gibt es genug, aber die Klara ist immer noch gut beim Zeug.*

Stefan Gilgenrainer *ist auch so ein almerisches Urgestein mit seinen 41 Sommern auf der Roßsteinalm (Lenggries). Im Ortsteil Mühlbach ist er daheim und hilft im Winter auf dem Hof seines Bruders.*

Johann Sanktjohanser erzählt . . .

von Claudia Funk

Auch der Geiss gefällt's hier oben auf dem Lerchkogel-Niederleger bei Fall im Tölzer Land.

Generationenratsch – der Sanktjohanser Johann erzählt der neuen 25-jährigen Sennerin aus seinem Almleben.

Wie der Sanktjohanser Johann das Foto von zwei Almerinnen aus den 60er Jahren anschaut, lacht er und meint: „Da waren scho schiache Weiber heroben“. „Schiach“, weil es nicht die Hübschesten waren, die auf die Alm fuhren. „Aber guat warns“, fügt er mit Respekt hinzu und „arbatn hams kenna“. Der über 70-jährige Mann sitzt auf der Bank vor der Hütte, neben sich die neue Sennerin Christina Mix. Sie ist 25 Jahre alt und das erste Mal heroben – ganz freiwillig. Der Sanktjohanser wurde nicht gefragt, als er mit elf Jahren als „Kühbua“ das erste Mal mit auf die Alm im Isarwinkel musste. Gefreut hat es ihn nicht; es war eine harte Zeit für ihn. So hart, dass er schon als kleiner Junge lieber in den Krieg gezogen wäre, als auf die Alm zu fahren. Aber damals, 1942 während des Sommers, war der Bauer als Soldat am Brauneck stationiert, und deswegen brauchte ihn die Sennerin; allein schon um den Almauftrieb zu bewältigen. Ein besonders schwieriger Auftrieb, der gleich zwei Mal absolviert werden musste; zuerst mit der Schafherde und dann mit den Kühen und Kälbern. Zu Fuß von Lenggries die Isar entlang und dann steil aufwärts bis schließlich nach zehn Stunden die untere Alm, der Niederleger, erreicht war.

Heutzutage werden die Tiere im Anhänger heraufgebracht. Rund um den Lerchkogel mit seinen acht Hütten sind es

Einmal was ganz anderes: Die Sennerin umreitet ihre Weidefläche hoch zu Ross.

an die 220 Stück Vieh. Heute hat der Mair Georg aus Gaißach wieder acht Stück bei der Christina abgeliefert, die jetzt 36 Kälber, dazu drei Ziegen, drei Hühner und ihr Pferd zu versorgen hat. „Eine überschaubare Aufgabe“, sagt sie. „Das Jungvieh muss nicht gemolken werden und die Ziegen nehmen es mit der Zeit nicht so genau, so kann ich mir den Tag selber einteilen“. Früher hat das Milchvieh den Tagesablauf vorgegeben. Ob er wollte oder nicht, um 4 Uhr in der früh musste der Kühbua Johann aufstehen, um die Kühe von der Weide in den Stall zu treiben. Aber auch die Kühe wurde nicht nach ihrem Schlafrhythmus gefragt: meist fand er sie dösend vor, musste sie aufscheuchen, bis sie sich überhaupt in Bewegung gesetzt haben. Nach dem Melken die Kühe wieder hinaustreiben, den Stall misten, der Bub war ganz schön auf Trab, während die Sennerin mit dem Buttern und Kas'n beschäftigt war. Einmal alle 14 Tage kam der Knecht vorbei, hoch zu Ross, und hat die Ergebnisse ihrer Arbeit, Butter und Käse, mit ins Tal genommen. Ein recht angenehmer Ausflug für den Knecht. Er war einen ganzen Tag lang mit dem Pferd unterwegs und musste ausnahmsweise nicht auf dem heimischen Hof arbeiten. Gefreut haben sich aber auch die Almbewohner, denn es gab endlich wieder frisches Brot. Innerhalb von zwei Wochen war es so hart, dass man es nur noch in der Milchsuppe aufgeweicht essen konnte. „Sonst hat's halt jeden Tag a Mehlspeis geb'n", erzählt der Johann, aus den Zutaten, die auf der Alm immer frisch waren: Milch und Eier von den Hühnern. Fleisch gab es nicht.

Auch Christina isst nicht viel Fleisch, aber ihre Ernährung ist natürlich abwechslungsreicher als früher. Mit dem Auto hat sie allerlei Vorräte heraufgeschafft und wenn's wär, könnte sie jeder Zeit im Tal anrufen, um sich das Fehlende mitbringen zu lassen. Auch Heu und Brennholz werden inzwischen über den 1992 angelegten Fahrweg transportiert und brauchen nicht auf der Alm gemacht werden. Wie viele besitzt die junge Sennerin ein Handy – für alle Fälle und natürlich für den Notfall. Bei Notfällen war das früher, als der Johann noch klein war, allerdings ein bisserl anders. Da hatte man ein besonderes Zeichen, nämlich einen Rechen. Den hat man aufgestellt und ein weißes Tuch darüber gehängt. Das hat der Bauer drüben am Brauneck bei der Flugwacht gesehen und zwei Stunden später war er da. So hat man sich zu helfen gewusst. Besonders probat war das Rezept gegen kalte Füße bei einem frühen Wintereinbruch. Der Johann hat es selbst oft genug angewandt, wie er erzählt: „Die nackerten Füße in die warmen Kuhfladen, das hilft".

Kalt kann es Ende August auf dem Hochleger, der auf 1500 Metern liegt, schon einmal werden, das jedenfalls hat sich nicht geändert. Aber darüber denkt die junge Sennerin Christina nicht groß nach. Sie hat ihren Beruf als Krankenschwester für knapp vier Monate an den Nagel gehängt und freut sich jetzt erst einmal auf die neue Herausforderung, auf ihren ersten Almsommer. ■

Der Lerchkogel-Niederleger ist eine Gemeinschaftsalm für mehrere Bauern. Der Hochleger dagegen ist auf drei verschiedene Almböden (einer davon sogar in Tirol) verteilt.

Impressionen

Auf der Königsalm bei Wildbad Kreuth

von Claudia Funk

Eine Sonderstellung, von der Geschichte her sowie von der Baustruktur, nimmt die Königsalm unterhalb vom Schildenstein ein.

Sie waren schon immer Liebhaber der Königsalm, sagt die Resi, der Sepp nickt dazu, und sie sind es nach wie vor. Spricht man die beiden Senner auf ihr Kleinod an, geraten sie ins Schwärmen: die Weide, der Bach, das Tal – etwas Schöneres kann es in ihren Augen nicht geben. Bereits vor 22 Jahren waren sie sich einig: sie hätten keine andere Alm genommen. Damals hatten sie das große Glück, die Königsalm zur Pacht zu bekommen und seitdem hat der Bartlbauer von Schaftlach jeden Sommer sein Vieh dort oben.

Die Königsalm oberhalb von Wildbad Kreuth und nordwestlich unterhalb vom Schildenstein ist nicht nur die schönste weit und breit, sondern mit 46 Metern Länge auch eine der größten des gesamten bayerischen Alpengebietes. Dazu sind die denkmalgeschützten Almbauten, der stattliche Blockbau angeblich schon von 1723, die Kaserei oder das sogenannte Kavaliershaus von 1818, eng mit der Geschichte des Tegernseer Tales verbunden. Als die Königsalm noch zum Besitz des Klosters Tegernsee gehörte, war sie die Ochsenalm der Abtei und hieß Klambach- oder Kaltenbrunner Alm. König Max I. Josef, der neben den anderen in der Säkularisation enteigneten klösterlichen Besitzungen auch die einstige Klosterökonomie Kaltenbrunn 1817 erwarb, benutzte die fortan so benannte Königs-

alm, die er übrigens sehr liebte und förderte und selbst oft dort weilte, als Rinderalm für etwa 60 Kühe und Kälber. Er war es auch, der die Alm auf die heutige Größe erweiterte.

Milch, Butter und Käse, dazu, wenn es nötig war, ein Nachtlager im Heu bekam man auch vor 100 Jahren schon. So berichtet Helmut Silbernagl, der selbst viele Jahre als „Schweizer" hier verbrachte und der noch viel mehr zu erzählen wusste von der hochherrschaftlichen Alm und seiner Zeit mit ihr. „Zwischen Schildenstein und Platten" heißen die Artikel, die er dazu in der Zeitschrift „Der Almbauer" geschrieben hat. Aber auch der Bartlbauer hat auf der Königsalm schon als Geselle gearbeitet und in den Jahren 1962/63 seine Tiere als Pensionsvieh auf die Weiden von Herzog Max in Bayern gegeben. Helmut Silbernagls Verbundenheit mit dieser Alm und seiner Fürsprache hat es der Sepp mit Sicherheit zu verdanken, dass ihm vor allen anderen Bewerbern als Pächter für die Alm der Vorzug gegeben wurde. Die ersten 17 Jahre von 1981 an hat der Sohn die Hütte bewirtschaftet und sich ums Vieh gekümmert. Heute, da die Eltern im Austrag ihre Sommer heroben verbringen, denkt die Resi so manches Mal darüber nach, ob diese mühsame und einsame Arbeit für den jungen Burschen nicht zu hart war. Man muss allein mit sich auskommen können und auch an schlechten Tagen, bei Nebel oder Regen, darf man sich keine Nachlässigkeit erlauben. Resi ist froh, dass sie zu zweit sind. Gemeinsam verbringen sie nun schon den fünften Sommer heroben und schauen nach den vier herzoglichen Haflingern sowie nach den Kühen, Kälbern und Kalbinnen, insgesamt an die 90 Stück. Ein Drittel davon sind eigene, die anderen Tiere kommen als Pensionsvieh von anderen Bauern dazu. Außerdem kommen, angezogen von der Attraktivität einer einstmals königlichen Alm, viele Neugierige herauf. Wie zum Bei-

Die Hirschsalami wartet aufs Anschneiden in der Jägerstube im ersten Stock des zur Königsalm gehörigen Kavaliershauses.

In einer guten Stunde erreicht man von der Kreuther Klamm aus die Königsalm auf 1115 Metern Höhe.

Mit 46 Metern Länge hat die Königsalm einen der größten Almställe des gesamten bayerischen Alpenraumes.

spiel die Gruppe Japaner, die der Helmut Silbernagl im Sommer vor drei Jahren hergeführt hat und die der Sepp und die Resi nach guter bayerischer Art herzhaft bewirteten. Es wurden viele Fotos gemacht und Geschichten erzählt, beispielsweise die besonders anrührende von den Reiser-Kindern, die sich in den 50er Jahren zugetragen hat. Die herzoglichen Kinder, Ludwig Wilhelm und Max waren Spielgefährten der Reiser-Kinder, die in recht ärmlichen Umständen lebten. An Heiligabend wollten die reich beschenkten Buben des Herzogs ihre Gaben an ihre armen Freunde weitergeben und so musste der Stallknecht noch des Nachts anspannen. Das wird eine Freud gewesen sein für die Reiser-Kinder, auch wenn sie, weil's bei ihnen nicht so hoch her ging, um die Zeit längst im Bett waren.

Manchmal kommt es aber auch vor, sagt die Resi, dass nicht sie, sondern die Gäste ihrerseits Geschichten erzählen. So hat ein Wanderer einmal vermutet, dass der rote Tegernseer Marmor, der im Eingangsbereich des Kavaliershauses den Boden bedeckt, aus der einstigen Tegernseer Klosterkirche stammen könnte. Wer weiß – während der Säkularisation, im Jahr 1803, waren tatsächlich Marmorteile aus der Kirche verschwunden. Sie könnten durchaus 15

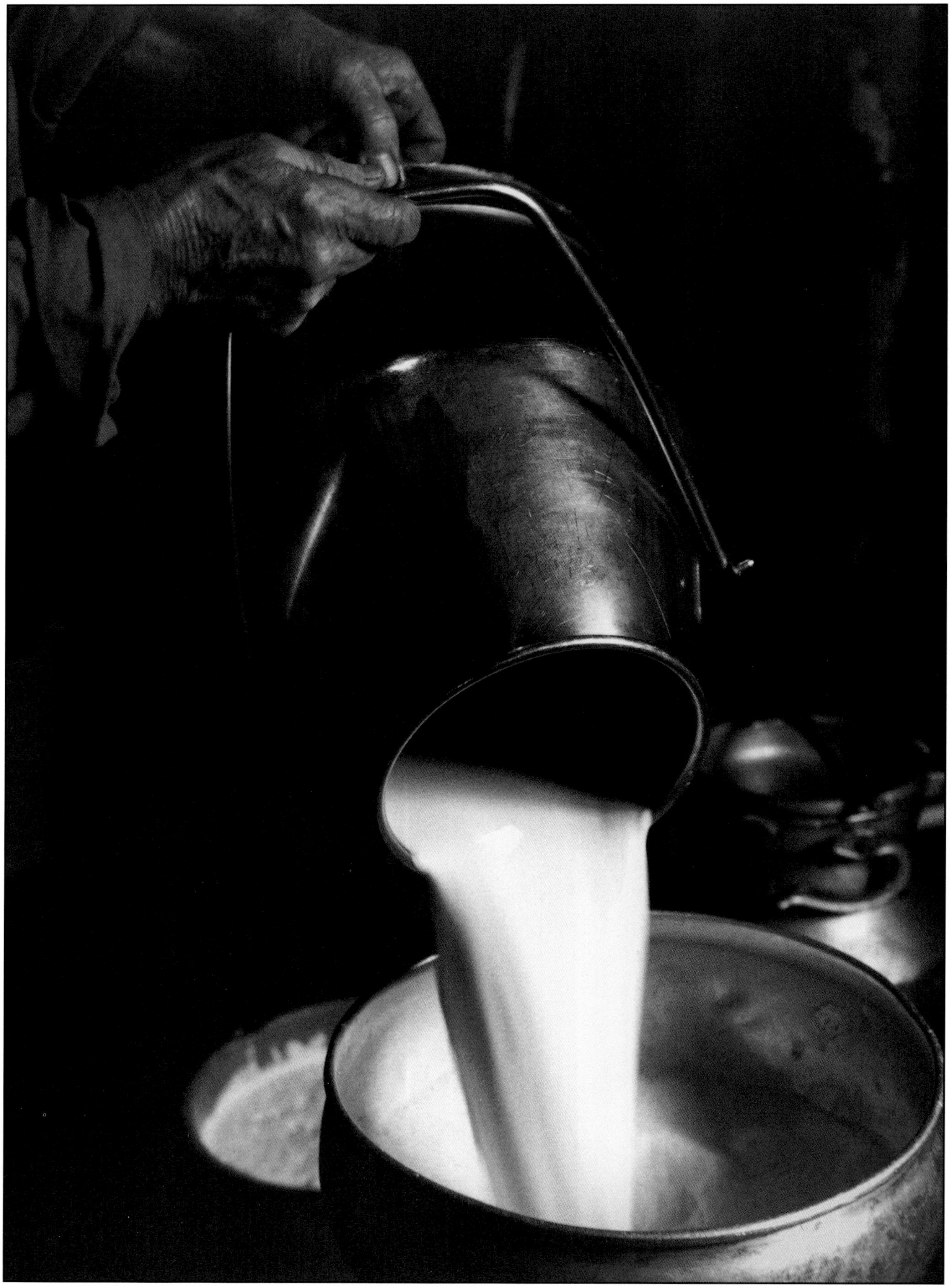

Jahre später wiedergefunden und beim Ausbau der Alm verwendet worden sein. Sehr schön und von besonderem historischem Interesse ist natürlich die Jägerstube im ersten Stock des Kavaliershauses, ein hoher nobler Raum mit einem Balkon, von dem aus man einen herrlichen Rundblick hat. In der Stube mit dem prächtigen grünen Kachelofen fühlte sich so manche Jagdgesellschaft wohl und vom Balkon aus hat der junge Herzog Max mit seinem Freund, dem Birk Hans, die Auerhahnbalz beobachtet. Dass auch Frauen sich gern hier aufhielten, beweist die Gravur, die sich in einer Fensterscheibe findet: „Sophie, den 15. Juli 1885". Es handelt sich dabei um eine der Schwestern Elisabeths von Bayern, Sissi, der späteren Kai-

Radfahrer und Wanderer sind immer willkommen auf der Alm und der Sepp hat jederzeit einen herzhaften Spruch drauf.

serin von Österreich. Auch diese selbst hatte sich in einer Scheibe verewigt, die allerdings inzwischen nicht mehr existiert. „Almaluft und Almafreud macht Herz und Sinn dir weit“, so steht es als Türspruch einen Stock tiefer.

Der Sepp und die Resi spüren diese tiefsitzende Freude am almerischen Leben bis heute und jeden Tag. Zwar hat die Forststraße, die inzwischen vom Tal herauf führt, so manches vereinfacht, aber einsam, still, weit weg von der Hektik des Alltags ist das Leben immer noch. Der Bramböck Hans und die Marianne von Hausham/Kasten sind heute mit dem Anhänger heraufgekommen, weil sich eine Kuh die Klaue bis aufs Fleisch eingerissen hat. Ein Holzklötzchen unter den gesunden Huf, den kranken dadurch entlastet und mit einem Feuchtverband versorgt, unkonventionelle Hilfe, die ohne die Straße so nicht möglich wäre. Auch der Sepp findet es natürlich praktisch, dass er auf diese Weise als aktives Mitglied bei den Waakirchner Sängern schnell einmal auf einen „Hoagascht roasn“ kann, wie er sagt. Früher konnte man nicht einmal zum Haare schneiden ins Tal, da hat es von Mai bis September nichts gegeben. Wer unten gesehen wurde, so berichtet auch Helmut Silbernagl, der war entweder ein schlechter Almerer oder er brachte böse Nachrichten. Entweder war das Wasser auf der Alm ausgegangen, er selbst war krank oder beim Vieh hatte es irgendein Unglück gegeben. Aber nur um unten beim Wirt einzukehren, das hätte der Ehrgeiz nicht zugelassen. Man hätt' dann gesagt, er wär nur hie und da ein Almerer. Und trotz aller Mobilität ist das noch heute so. ■

A G'witter

zieht auf, jetzt pressierts. Das Heu wird per Hand mit dem Holzrechen gehäufelt, auf den Schubkarren geladen und mit einem Seil festgezurrt. „Resi, schick di", sagt der Sepp, der seine obligatorischen Gummistiefel anhat, „damit's uns ned nass nei geht. I hörs scho donnern, i moan, dass's glei losgeht." Die Resi schickt sich und tatsächlich, bevor der erste Tropfen fällt, ist das Heu trocken unter Dach. ■

Großtiefental

In aller Herrgottsfrüh geht's los. Buttern, melken und die Milch zentrifugieren. Danach treibt Edith die Kühe, Kälber und Kalbinnen zu den Weideplätzen. Inzwischen macht Monika das Milchgeschirr sauber. Edith ist schon wieder zurück und mistet den Stall aus. Dann haben sich die beiden Almerinnen ein ordentliches Frühstück verdient. Aber auch tagsüber gibt es immer Arbeit. Kas herstellen und pflegen, Wasserstellen kontrollieren, Unkraut mähen, Holz machen und die Hütte muss auch sauber gehalten werden. ■

Moosenalm

ist ein typischer Rundumkaser, so wie er im Berchtesgadener Land üblich ist. Da haben die Kühe das Privileg, dass sie der Almerin Johanna Gröll beim Kas'n zuschauen können. ■

Josef Pichl – *genannt der „Heißn-Sepp" – hat seine 10 Almsommer voll. Wer sich auf den Weg zur Laubenstein- und Abergalm (Chiemgau) macht, kann seine selbstgemachten Vihaaglzäune bewundern.*

Andreas Leitner, *ist vielbeschäftigter Wirt auf der Unteren Firstalm am Spitzing und das schon seit 35 Jahren. Als passionierter Jäger viel unterwegs, kennt er weit und breit die meisten Almen.*

Almkirta

auf der Freudenreichalm (Schliersee) beim Max und der Anna. Pfarrer Friedrich zelebriert wie kein anderer einfühlsam die heilige Messe in seiner besonderen, situationsbezogenen aufrichtigen Art, umrahmt von einem Bläserquartett. Danach spielt die Musik zur Unterhaltung auf und es geht recht lustig zu, wie man unschwer an den lachenden Gesichtern erkennen kann.
Almkirta wird seit jeher gehalten, und zwar an Jacobi, das ist der 25. Juli und damit so ungefähr die halbe Almzeit. Die Almleut ringsum – manchmal sind auch die Holzknechte aus der Umgebung dabei – kommen zusammen zum Musizieren, zum Beieinandersitzen und Ratschen.
Früher hat man zwischen der ersten Mahd und dem Grummet (2. Mahd) am Hof im Tal die meiste Zeit gehabt. Da wurde dann aufgekocht und gebacken – zum Beispiel Rohrnudeln, Schneckennudeln, Auszog'ne und die sogenannten Almnüsse – und dann hat man die ganzen Köstlichkeiten hinauf auf die Alm gebracht zur großen Freude der Almleut. ■

ßwürst 3.60
4.50
Wiener 3.60
4.50

Viecherei

auf der Jägerbauernalm (Schliersee). Elke Ettenhuber hat auf der Alm nicht nur ihren ganzen Hausstand dabei, sondern dazu auch noch eine Art von Streichelzoo, der aus zwei Lamas, einem Hund, einer Katze, drei Geißen, einem Pony, einem Schwein und einem Hasen besteht.

Auf der Fellalm: Vom Buttern und Kas'n

von Claudia Funk

Bei der Elisabeth Holzer kehrt man besonders gern ein, weil 's frischen Almbutter und selbstgemachten Kas gibt.

Wenn Elisabeth Holzer einen neuen Käse anschneidet, dann ist das für sie wie eine heilige Handlung, jedenfalls ein ganz besonderer Augenblick, bei dem sie am liebsten allein ist. Es ist der spannende Moment, in dem sie das Ergebnis ihrer langjährigen Erfahrung als „Kaserin" auf der Fellalm sehen, riechen und schmecken kann.

Die Familie Bonleitner hat die hoch über Bayrischzell gelegene Alm gepachtet und die Elisabeth geht schon viele Sommer als Sennerin hinauf. Abgelegen ist sie wirklich, weil noch ohne Zufahrtsstraße, und auch sonst gibt es in dem steinernen Almbau keinen großen Komfort, weder Wasser noch Strom. Ein Hubschrauber bringt am Anfang des Almsommers alles Notwendige, aber ansonsten sind Alm und Almerin nur mehr zu Fuß erreichbar. Nachlieferungen müssen per pedes mit Kraxe oder Rucksack transportiert werden, auf einem Weg, für den man mindestens eine Stunde braucht. Eine umsichtige Vorbereitung ist also angebracht und deswegen beginnt die Elisabeth damit auch schon vier Wochen vor dem Auftrieb. Sie richtet die Hütte her, putzt, schaut, dass alles, was oben gebraucht wird, parat ist und macht daneben noch ihre „Winterarbeit" als landwirtschaftliche Hauswirtschaftsmeisterin auf einem großen Anwesen. Viel Platz im Hubschrauber brauchen allein schon all die Utensilien, die fürs Kas'n notwendig sind: Töpfe, Formen, Einweckgläser, Käseharfe, Siebe, Schöpfkellen, Schneebesen, Thermometer, Pipetten, Bürsten und so weiter ... alles muss möglichst bruchsicher verpackt werden. Elisabeth hat sich die Käsebereitung selbst beigebracht. Aus den täglich an die 50 Litern Milch, die ihre drei Kühe zumindest zu Anfang des Almsommers geben, werden zehn Prozent zu Käse, was demnach fünf Kilo ergibt. Je später im Jahr, um so weniger Milch hat sie zur Verfü-

Die Elisabeth ist ein echter Profi und schon fast eine Künstlerin, was die Käseherstellung betrifft. Dazu gehört auch ein hohes Maß an Sauberkeit und Hygiene, denn sonst gelingt der Käse nicht.

gung und um so weniger Käse gibt es dann. Zuerst macht Elisabeth den Labfrischkäse, der geht am schnellsten, dann die großen Laibe Schnittkäse und zum Schluss immer den Camembert, weil der keine lange Reifezeit benötigt. Inzwischen hat sie durch viel Ausprobieren, durch den Austausch mit anderen Almerern und durch Fachlektüre allerhand dazugelernt und ihre Rezeptpalette um einiges erweitert und verfeinert.

Das Entscheidende bei der Käsezubereitung ist logischerweise die Milch. Ist bei einer Kuh Silage verfüttert worden oder im Falle einer Euterkrankheit, wird der Käse misslingen. Oder er kann sich während der Reifung durch unerwünschte Bakterien so aufblähen, dass die Rinde platzt und er damit unbrauchbar wird. Aus diesem Grund verwendet Elisabeth bei der Zubereitung sehr viel Sorgfalt auf die Hygiene, vor allem, wenn sie die Kulturen anlegt. So nennt man die „erwünschten" Bakterien, die sogenannten Milchsäurebakterien, die notwendig sind, um den Käse zur Reifung zu bringen. Dabei gibt es wärmeliebende (thermophile) Kulturen und andere (mesophile), die für Käse verwendet werden, der bei Temperaturen unter 40 Grad hergestellt wird. Am kompliziertesten und aufwändigsten ist die Bereitung von Schnittkäse. Wir halten uns bei der Wiedergabe der Arbeitsvorgänge genau an Elisabeth Holzers Aufzeichnungen: Abendmilch wird in weiten Schüsseln im Keller aufgestellt, in der Früh kommt zu dieser gereiften Milch die frische. Nach der Zugabe von einem Prozent Dickmilchbioferment erwärmt sie die Milch im Käsetopf auf ca. 36 Grad. Nun kommt das mit Wasser und Salz gelöste Pulverlab dazu, sie rührt mit dem Schneebesen gut um und langsam entsteht eine gleichmäßige gallertartige Masse. Nach ca. 30 Minuten Labeinwirkung fällt das Eiweiß (Kasein) in der Milch aus, die Milch gerinnt. Nach weiteren 30 Minuten ist die Milch dick gelegt, d. h. es entsteht eine puddingartige Gallerte. Löst sich die Gallerte bei der „Messerprobe" mit glatter Kante, ist die Käsemasse reif zum Schneiden. Sie schneidet nun die Gallerte längs und quer mit einem langen Messer, Molke tritt aus, der sogenannte Bruch entsteht, der noch 10 Minuten nachdicken muss. Danach wird der Bruch zu Würfeln geschnitten, wobei nochmals Molke austritt. Schließlich macht Elisabeth mit der Käseharfe erbsengroße Bruchstück – je kleiner das Bruchkorn, um so mehr Molke tritt aus und der Käse wird fester und haltbarer. Man sieht, es kommt in jedem Detail auf die Sorgfalt an. Soll der Käse milder schmecken, schöpft sie 10 bis 20 Prozent der Mol-

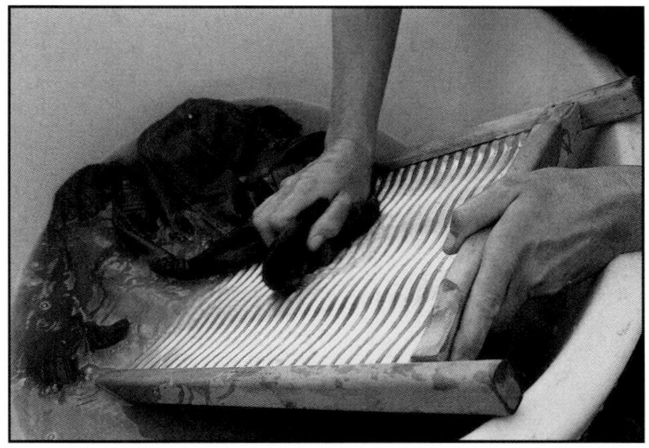

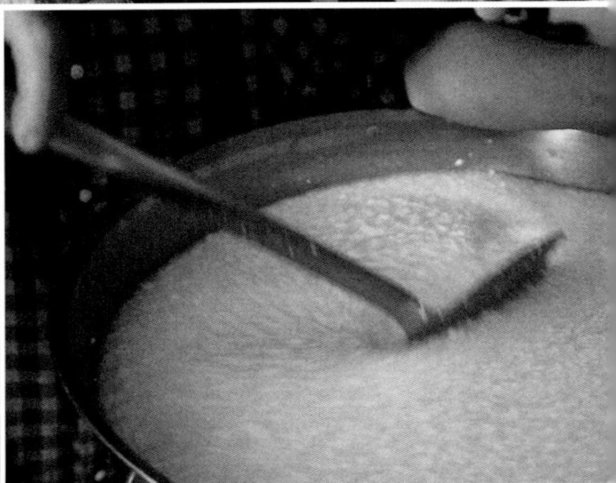
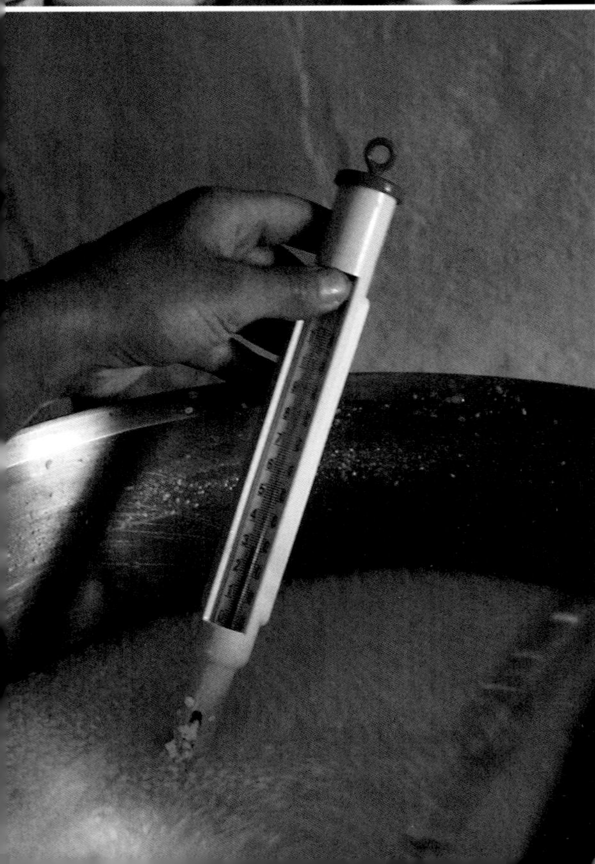

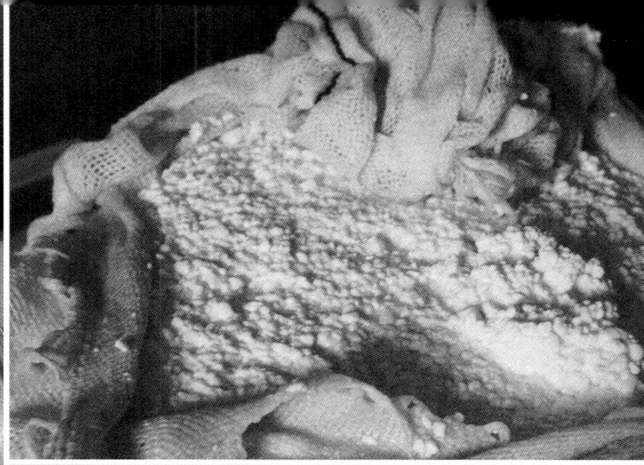

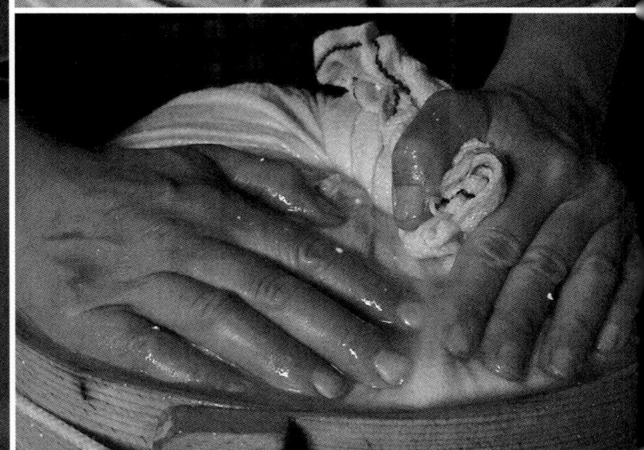

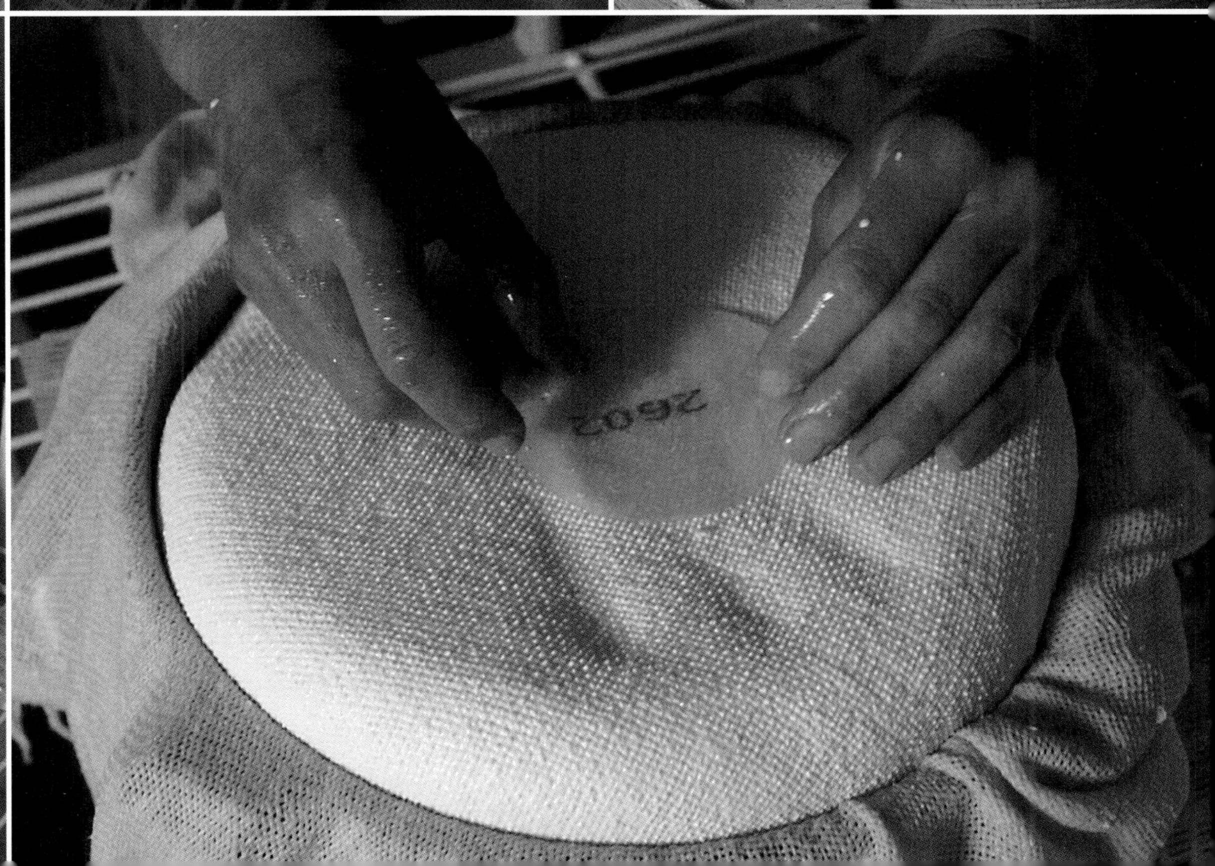

Der Käse verlangt, bis er wirklich fertig ist, eine aufwändige Pflege. Die reicht vom täglichen Wenden und Abbürsten mit Salzwasser bis zum peniblen Reinigen der Käseregale. Erst nach 6-8 Wochen ist der Hartkäse schnittreif.

ke ab und gibt dafür die gleiche Menge warmes Wasser dazu. Nun kommt der Käsetopf wieder auf den Herd und wird so lange gerührt, bis die Bruchmasse 42 Grad erreicht hat. Hat das Bruchkorn die richtige Konsistenz, zieht sie einen Großteil der Molke ab und gibt, je nach Geschmacksrichtung, Kräuter, Knoblauch, grünen Pfeffer oder Kümmel dazu. Danach schöpft sie den Bruch in die mit einer Windel ausgelegte Käseform und beschwert das Ganze mit einem Holzbrett, auf dem noch ein Stein liegt. Je mehr Molke austritt, um so fester wird der Käse. Nun muss sie den Käse in bestimmten Zeitabständen immer wieder wenden, damit er gleichmäßig fest wird und eine glatte Oberfläche bekommt. Am nächsten Tag kommt der Käse wegen der Rinden- und Geschmacksbildung in ein Salzbad. Mit dem Herstellungsdatum versehen wandert er schließlich in das Käsekammerl, das die richtige Raumtemperatur und Feuchtigkeit haben muss, damit er gut reifen kann, ohne auszutrocknen. Alle zwei Tage wird nun der Käserohling mit einer Salzwasser-Rotschmierelösung behandelt, um eine schöne Rindenbildung zu erreichen. Sobald das der Fall ist, muss ihn die Elisabeth wieder alle zwei Tage mit Salzwasser abbürsten. Gute Käsepflege ist sehr wichtig, sagt sie, sonst dringt der Schimmel ins Innere ein. Bei schönem Wetter tut sie dies draußen vor der Tür und lässt ihn in der Sonne trocknen. Sonnenlicht desinfiziert! Je mehr Käse sie macht, um so umfangreicher wird logischerweise die Arbeit. Dazu kommt das stetige Reinigen der Einlagebretter des Käseregals. Erst nach sechs bis acht Wochen ist der Hartkäse schnittreif und das ist eben jener eingangs erwähnte spannende Moment für die Elisabeth, denn wegen der jeweils unterschiedlichen Bedingungen auf der Alm hat jeder Käse seinen individuellen Geschmack.

Auf der Fellalm wurde von jeher Käse gemacht. Früher wurde mit diesem kostbaren und – wie wir gesehen haben – höchst aufwändig herzustellenden Produkt auch der Hof im Tal versorgt. Das ist heute anders, es würde sich wegen des langen und anstrengenden Transports kaum mehr lohnen. Elisabeth „bezahlt" mit ihrem Käse für frisches Obst und Gemüse, das ihr Freunde aus dem Tal heraufbringen. Oder sie bietet ihn Wanderern an, dazu ihr selbst gebackenes frisches Brot. Was kann es Besseres geben? Auch eigenhändig gemachte Butter kann man bei Elisabeth erwerben. Den angesäuerten Rahm schlägt sie abends, wenn es kühl genug ist. Je nach Witterung muss man 5 bis über 30 Minuten lang an der Maschine kurbeln, bis ein bestimmtes Geräusch, das jeder Eingeweihte sofort erkennt, anzeigt, dass sich der Rahm in Butterflocken und Buttermilch getrennt hat. Durch ein paar weitere Umdrehungen verbinden sich die Butterflocken zu einem Klumpen und nach zwei Waschgängen mit frischem Quellwasser, nach einigem Kneten und Schlagen ist das Endprodukt, „der" Butter (Anmerkungen für alle, die es nicht wissen: im Bayerischen heißt „die" Butter grundsätzlich „der" Butter) eigentlich fertig. Dass Elisabeth sie dann noch in die acht verschiedenen alten Holzmodeln presst, die sie inzwischen gesammelt hat, um eine hübsche Dekoration zu erreichen, ist ein liebenswürdiges Extra, das viel aussagt über die sympathische Sennerin von der Fellalm. Die Elisabeth drückt es in eigenen Worten so aus: „Es ist ein einfaches und intensives Leben und man erlebt es mit allen Sinnen." Das Leben im Tal fand sie nach ihrem ersten Almsommer schier unerträglich. Wir glauben es ihr. ■

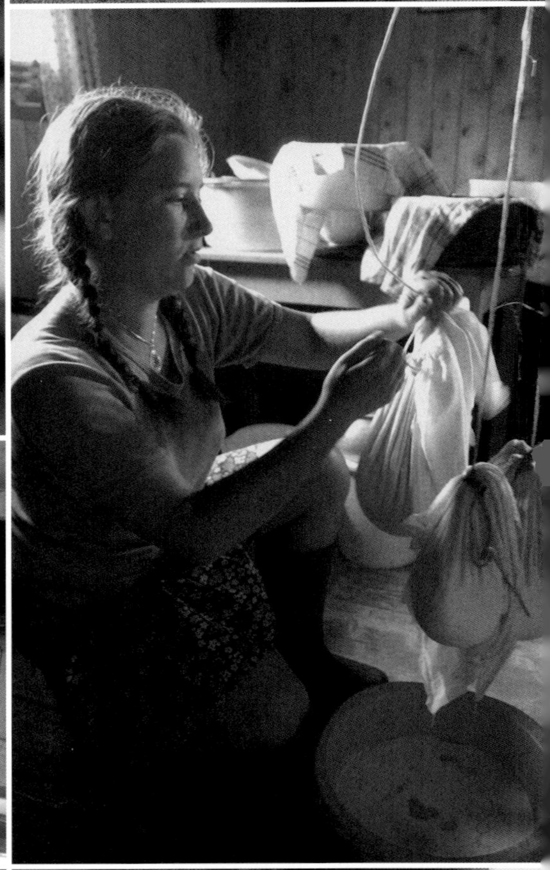

Kas'n

Zum Kas'n braucht man logischerweise frische Milch. Es gibt allerdings nur noch sehr wenige Almen, wo der Bauer sich den „Luxus" leistet, ein oder zwei Melkkühe aufzutreiben. Luxus insofern, als er dann, im Gegensatz zu den reinen Galtviehalmen (Jungviehalmen), unbedingt Almpersonal braucht. Dies ist nicht nur eine Wirtschaftlichkeitsfrage, sondern auch eine Frage der Kompetenz. Es gibt nur noch wenige Almerinnen und Almerer, die sich mit der mühsamen Melkarbeit und der noch mühsameren Käsebereitung befassen können oder wollen. Darum ist es natürlich für jeden Bergwanderer ein erfreuliches Erlebnis, wenn er noch so eine Alm mit regelrechtem Sennereibetrieb vorfindet. ■

Röthenstein

Der Trellinger Karl ist ein echtes Multitalent. Gelernt hat er Drucker und übte als Meister diesen Beruf bis zu seiner Pensionierung auch aus. Seitdem tut er das, was ihm Freude macht und das ist eine ganze Menge. Seit acht Jahren betätigt er sich als Almerer. Zunächst auf der Raueck- und Luckenalm. Und nun seit sechs Jahren auf der Röthensteinalm im Wallberggebiet. Er wirtschaftet dort, als ob er es gelernt hätte, er kast sogar, er sammelt Schwammerl und geht leidenschaftlich gern auf die Jagd. Die Arbeit geht ihm kaum aus, denn immerhin hat er 65 Stück Jungvieh zu betreuen. Freunde und Bekannte, die ihn besuchen, finden eine zünftige Stimmung und einen guten Kas vor. ■

Karl Trellinger *ist das, was man unter einem „bayrischen Urviech" versteht. Er ist bekannt für seine selbstgefertigten Hirschhornknöpfe, auf jedem Hoagascht ist er gern gesehen, weil er wie kein Zweiter singt und jodelt.*

Michael Moderegger *aus Schönau im Berchtesgadener Land hat vor fünf Jahren seinen Hof übergeben und ist seitdem Austragler. Nach wie vor schaut der 74-jährige auf der Saletalm nach dem Rechten.*

Bei der Marianne auf der Bindalm

von Claudia Funk

Tagsüber bleiben die Tiere im Stall, am Abend kommen sie hinaus und genießen das Gras der einsamen Almwiesen.

Mit 19 Jahren war die Marianne zum ersten Mal auf der Bindalm, die im Nationalpark Berchtesgaden westlich von Ramsau liegt. Drei Sommer lang, von 1954 bis 1956, hat sie als ganz junge Frau gelernt, was es heißt, allein mit den Tieren auf dem Berg zu leben. Danach hatte sie eigentlich genug vom Almleben – und doch ist sie inzwischen den 23. Sommer ununterbrochen Sennerin. Wie es manchmal so geht im Leben. Damals, 1979, hatte ihre Schwiegermutter nach drei Tagen auf der Alm einen Kreislaufzusammenbruch; daheim auf dem Hof brachte man die Nacht schlaflos zu und machte sich arge Gedanken, wie es denn nun weitergehen solle. Schließlich waren die Tiere allein, mussten versorgt werden und so blieb der Marianne nichts anderes übrig, als zunächst ersatzweise einzuspringen, immer mit der Hoffnung, dass sich jemand anderer fände. Zunächst sah es im nächsten Jahr auch so aus, als sich eine neue Sennerin vorstellte – dabei blieb es allerdings. Der Marianne blieb keine Wahl und so ist sie bis heute jedes Jahr wieder heraufgekommen.

Es ist ihr Leben geworden, mit dem sie sich arrangiert hat und mit dem sie zufrieden ist. Sie lebt in der alten Hütte und hat 14 Tiere zu betreuen, nebenan in der neuen kümmert sich die Deinlein Renate um 16 Stück Vieh. Neu ist die Nachbarhütte, weil sie 1995 abbrannte, ein Unglück, an das sich die Marianne noch heute mit Schaudern erinnert. Um Mitternacht hatte sie wie gewohnt ihrer Glockenkuh, die herein wollte, die Stalltür geöffnet. Es war die erste klare Nacht nach einer Schlechtwetterperiode und sie bemerkte zunächst nichts Ungewöhnliches. Kurz danach allerdings wurde sie von lautem Geschrei

Zum Almboden der Bindalm gehört auch die neu erbaute Hütte, in der als Nachbarin von Marianne die Renate wirtschaftet.

aus dem Schlaf gerissen und musste mit ansehen, wie sich die beiden Sennerinnen aus der benachbarten Hütte die in hellen Flammen stand, retteten. Natürlich denkt man zuerst ans Löschen, aber es war zu spät, der Dachstuhl brannte bereits. Telefon gab es noch keines und als schließlich irgendwann, Stunden später, die Feuerwehr eintraf, war die Hütte ein glimmender Aschenhaufen. Vier Kälber waren verbrannt.

Danach wurde die Bindalm ans Telefonnetz angeschlossen. Aber der Einfachkaser, der sogar noch über eine offene Feuerstelle verfügt, hat noch eine andere moderne Errungenschaft aufzuweisen, nämlich Solarzellen auf dem Dach, die immerhin die Energie für das Licht liefern. Ansonsten ist der Tagesablauf seit Jahr und Tag unverändert. In der Nacht sind die Tiere draußen und finden sich erst gegen Morgen bei der Hütte ein. Höchstens, dass die Marianne das Jungvieh, das die Abläufe noch nicht so genau kennt, zusammentreiben muss. Tagsüber bleiben alle Tiere im Stall. Das kommt den hin und wieder vorbeikommenden Wanderern seltsam vor und sie fragen schon nach, warum man keine Kuh sieht auf den Almweiden und keine Glocke läuten hört. Sie macht dann, wenn die Leute nett fragen, die Stalltür auf und lässt sie hineinschauen.

Und sie erklärt dann vielleicht auch noch, dass die Tiere durch diesen Rhythmus vor der tagsüber sehr lästigen Insektenplage geschützt seien. ■

Roßalm

So heißt die höchstgelegene Alm (am Geigelstein) in Oberbayern. Eine besondere Erschwernis für den Almbauern Sepp Gröbmeyer ist die Tatsache, dass sie wegemäßig bis heute nicht erschlossen ist. Was nicht zu Fuß hinaufgetragen werden kann, muss per Hubschrauber befördert werden. ■

Ableitenalm

Kein Fahrweg, sondern nur ein felsiger Steig führt zum Niederleger Scheurer Aibl und dann geht es sonnseitig steil aufwärts zum Hochleger, der Ableitenalm. Die Almhütte ist zum Schutz vor Lawinen ganz an den Hang gebaut. Mit so einer extremen Alm muss der Bauer Xaver Büchl, zum Schlemm in Oberach, schon eine besondere Freude und Vorliebe haben, um sie dennoch ordentlich zu bewirtschaften. Denn alles, was oben gebraucht wird, muss auf der Krax'n hinaufgetragen werden. Da nimmt der Xari das Angebot der Reichenhaller Tragtierkompanie, die zum Rosstag nach Rottach-Egern gekommen ist, gerne an, einen Versorgungsmarsch als Übung hinauf auf seine Alm zu machen. Und den Gebirgsjägern macht es sichtlich Spaß, einmal einen sinnvollen Transport mit ihren Mulis und Haflingern durchzuführen. ■

Schnürlregen am Röthenstein

Bei der Irmi Guggenbichler

von Claudia Funk

Die Hefteralm gehörte früher zum Postwirtshaus in Aschau, daher rührt das besondere Gesicht des Almgebäudes.

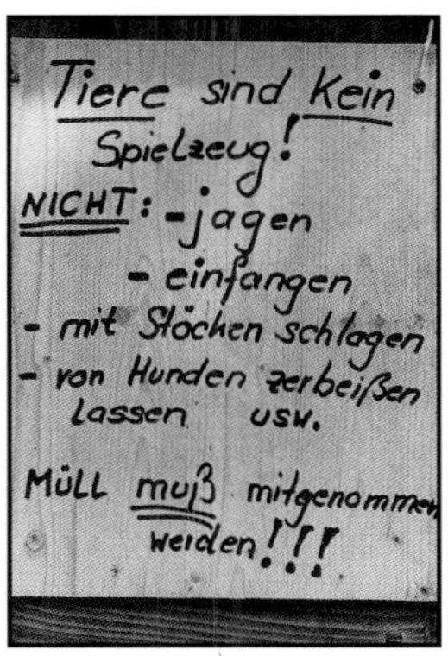

Die Guggenbichler Irmi hat vom Beruf der Krankenschwester auf Sennerin umgesattelt. Ganz spontan, von einem Tag auf den anderen quasi und sie hat es nie bereut. Es kam alles ganz unverhofft: Irmis Vater wollte mit einem Ehepaar zur Besichtigung auf die Hefteralm im Chiemgau fahren – die bisherigen Senner der Genossenschaftsalm schieden aus Altersgründen aus und es wurden neue gesucht. Es war ein kalter, nebliger Tag und die Irmi entschloss sich spontan, mitzufahren. Sie betrat die Hütte das erste Mal und fand diese nach den vielen Monaten, die sie leer gestanden hatte, in recht schlechtem Zustand vor. Es roch nach Moder, an verschiedenen Stellen hatte es durchgeregnet, das Holz war brüchig. Während sich die anderen besprachen, ging die junge Frau durch die Alm, sah sich alles an. Obwohl sie nicht mehr genau sagen kann, woran es lag, hatte sie sofort einen Bezug zu dem Haus gefunden. Sie öffnete die Fenster, ließ die frische Luft herein und heizte den Ofen an. Jeder Winkel wurde von ihr erkundet bis sie im Stall auf den Schriftführer der Almgenossenschaft traf. Der wusste bereits, dass das Ehepaar nicht als neue Senner in Frage kam, sie wollten die Alm nicht. Ohne groß zu überlegen antwortete die Irmi „Ja dann nehm' ich sie" und ohne groß erstaunt zu sein, stimmte der Schriftführer mit einem schlichten „Gut" zu. Die Irmi, die das zweite Kind erwartete und als Krankenschwester ohnehin aufhören wollte, war sich sicher, richtig entschieden zu haben.

Ihr Mann, der Sepp, und auch ihr Vater nahmen den Entschluss recht gelassen auf. Ganz anders die Mutter. Der Bauer hatte seiner Frau erzählt, dass man eine neue Sennerin gefunden habe. „Gott sei Dank" antwortete die Mutter erleichtert. „Dei Tochter", ergänzte ihr Mann und sie schickte ganz erschrocken einen Stoßseufzer zum Him-

mel. Sie traute es ihrer schwangeren Tochter nicht zu, diese schwierige Aufgabe durchzustehen, denn sie wusste um den schlechten Zustand der Hefteralm. Ein halbes Jahr lang war das Verhältnis zwischen Mutter und Tochter getrübt, sodass kaum miteinander geredet wurde.

Aber auch die Irmi und ihr Mann Sepp hatten sich so manches einfacher vorgestellt und nach dem ersten Almsommer herrschte durchaus Unsicherheit. Der Zustand der Hütte war bedenklich, was das Leben in ihr nicht gerade angenehmer und leichter machte. Die Besonderheit, dass auch Pferde heroben waren, verstärkte die Notwendigkeit, die alten Zäune zu erneuern. Viel Geld, Zeit und Arbeit war zu investieren und nach langen Verhandlungen mit der Kaltblutzuchtgenossenschaft in Traunstein, der die Alm gehört, einigte man sich auf die notwendigen Maßnahmen und Umbauten. Das Material kam größtenteils von den Bauern, aber die Arbeit hing am Sepp und der Irmi. Viele haben zusammen geholfen und so ist aus dem alten Steinhaus mit dem seltenen Steildach ein Schmuckstück geworden.

Die Alm, die der Sepp betreut, gehört der Kaltblutgenossenschaft in Traunstein, die ihre Jungstuten heroben sömmert.

Sie haben sich gut ergänzt, sagt die Irmi, und auch der Zusammenstand unter den Genossenschaftbauern ist viel besser geworden. So manches, was vorher fehlte, ist dazu gekommen, so auch, dass die meisten Kälber nun Glocken tragen. Das ist nach wie vor wichtig, um die Tiere auch bei schwierigen Wetterverhältnissen zu finden.

Am Ende eines Sommers, wenn alles gut gegangen ist, bekommen sie alle für den Almabtrieb einen extra schönen großen Busch'n oder ein Kranz'l. Zum Kranz'lbinden kommen die Bäuerinnen im Herbst vom Tal herauf, während die Männer das ihrige dazu tun und den dafür nötigen Almrausch brocken. So ist in den bisher 13 Almsommern so manch alter Brauch wiederbelebt worden, die Hefteralm ist wieder intakt und kann sich sehen lassen.

Der Tag beginnt für die beiden, für den Sepp und die Irmi, um 5 Uhr in der Frühe und meistens dauert es bis um 8 Uhr am Abend, bis sie endlich verschnaufen können. Das hängt auch mit den vielen Gästen zusammen, die gern auf die Alm kommen, die ja seit jeher eine Schankkonzession hat. Sie gehörte früher zum Postwirtshaus in Aschau, dessen Konzession auch für die Hefteralm Gültigkeit hatte. Das bedeutet, dass auch heute noch mehr Bewirtung möglich ist, als es das Abkommen zum „almüblichen Ausschank" normalerweise gestattet. Dieses Abkommen, das vor 11 Jahren zwischen dem Almwirtschaftlichen Verein und der Regierung von Oberbayern getroffen wurde, gestattet jeder Alm nur 12 Sitzplätze, bei einem sogenannten Doppelkaser mit zwei Almleuten sind es dementsprechend 24 Plätze. Milch, Butter, Käse, geräucherter Schinken, Flaschenbier und Schnaps dürfen angeboten werden, nicht

Die Irmi, erfinderisch wie sie ist, hat sich durch ein eigens konstruiertes Gerät die Käsezubereitung ein wenig leichter gemacht.

Bei den Guggenbichlers ist auch heute noch mehr Bewirtung möglich als es ansonsten almüblich ist, weil die alte Wirtshauskonzession noch teilweise gültig ist.

aber Kaffee, Weißbier und Wein. Das Abkommen kam unter dem Vorsitzenden des Almwirtschaftlichen Vereins Franz Steindlmüller zustande, der damit die Konkurrenz zu regelrechten Wirtshäusern minimieren und diese nicht in ihrer Existenz bedroht sehen wollte.

Nicht nur, dass es auf dem Berg bei einer Rast sowieso besser schmeckt, die Irmi gibt sich auch redlich Mühe, fast alles, was sie anbietet, selbst herzustellen. Nicht immer wird dies auch gewürdigt. Sie erzählt von einem Gast, der sie fragte, wo ihre Milch denn herkäme. Als sie auf ihre eigenen Kühe verwies, meinte er, diese Milch sei ja dann nicht konserviert und er nähme dann lieber ein Weißbier. Das hat sie ihm dann grad extra auch verweigert und man versteht sie, wenn sie sagt:„Solche Leut hab i dick!"

Bevor die ersten Wanderer kommen, richtet sie am Vormittag schon vier Sorten Käse her: Schnittkäse, Camembert, Knoblauchkäse in Öl und Frischkäse, dazu gibt's Butter und Brot. Dann die Stallarbeit, Milchgeschirr reinigen, Tiere versorgen, Haus und Weide in Ordnung halten, das will alles getan sein, bevor die ersten Wanderer kommen. Im Herbst, wenn das Wetter manchmal wochenlang schlecht sein kann, wird 's noch mühsamer und dann, erzählt Irmis Mutter, geht's der Tochter wie vielen anderen Sennerinnen: sie ist froh, wenn die Almzeit vorbei ist. Nie mehr wieder, auch der Gedanke schleicht sich ein – bis zum nächsten Frühjahr. „Dann wird sie wieder wepsig und kann es kaum noch derwarten". Und stolz auf ihre tüchtige Sennerin ist die Mutter inzwischen ohnehin. ■

Das Brot

Zum besonderen Bewirtungsschmankerl auf der Hefteralm gehört das frische selbst gebackene Brot. Die Irmi benötigt 45 Kilo Mehl und daraus entstehen jeweils fünf runde Laibe, fünf Wecken und zwei Halbmeter-Brote. Die Herstellung ist eine zeitaufwändige Angelegenheit, der fertig geknetete Teig muss zwei bis drei Stunden ruhen, bevor sie ihn für eine Stunde in den mit Holz vorgeheizten Backofen schieben kann. Der Backofen, in einiger Entfernung vom Haus, ist ein eigens errichtetes kleines Gebäude. Dass ein solches Brot unvergleichlich gut schmeckt, noch dazu heroben auf der Alm, kann man sich lebhaft vorstellen. Am besten gleich hinaufgehen und selber probieren! ■

Brotzeit ist die schönste Zeit!

0,5 l
SOHM

Roßsteinalm

Hans und Marianne Probst, Austragler-Eheleut vom Lasslhof in Mühlbach/Lenggries haben ihren 11. Almsommer (unterhalb des Roß- und Buchsteins) hinter sich. Den Almboden mit mehreren Hütten teilen sich drei Almbauern. Sie sömmern hier heroben 26 Stück Vieh, darunter auch ein paar Milchkühe. Butter und Käse produzieren sie nur für den Eigenbedarf. Wenn es sein muss, hilft der Hans ganz selbstverständlich während des Almsommers am Hof unten mit aus. Damit es schneller geht, nimmt er zum Hinauf- und Hinunterfahren seinen klapprigen Golf. Schön ist's heroben auf der Roßsteinalm in jedem Fall, sogar beim Holzmachen geht der Blick weit hinaus ins herrliche Umland der Tegernseer Berge. ■

Heuen

Das Heu machen auf den Almböden ist heutzutage zur Rarität geworden, weil man, wenn es wirklich Not täte, eine Futterration für alle Fälle vom Hof herauftransportieren könnte. Früher, als das nicht möglich war, musste man selbstverständlich für mögliche Schlechtwetterlagen oder frühzeitige Wintereinbrüche Futternotrationen parat halten. Dazu war in der Nähe der Hütte eigens ein „Almgarten" eingezäunt, teilweise auch mit einer Steinmauer umgeben. Dieser Almgarten wurde auch gedüngt und das üppig wachsende Gras dann im Juli geheut und über dem Stall bevorratet. Wo jetzt noch Heu gemacht wird auf der Alm, geschieht das mit dem Motormäher. Zum Trocknen ausgestreut, gewendet und zusammengerecht werden muss aber immer noch von Hand. Ganz selten werden zum Einbringen noch die sogenannten „Plachen" verwendet, in die das Heu regelrecht eingeschlagen und auf dem Rücken zur Hütte getragen wird. ■

Lechneralm

In 1258 Meter über Brannenburg wirtschaften miteinander die beiden Austragler Johanna und Sebastian Schwaiger. Beide nicht mehr die Jüngsten, aber noch gut im Sach, trotz des steilen Almbodens. Sie kümmern sich um nicht weniger als 53 Stück Jungvieh, um die Milchkühe und Kälber. Darüber hinaus als Besonderheit noch um das sogenannte „Kuntervieh", dass sind 90 Schafe und Geißen. ■

Lechner-Alm

Badevergnügen

auch für Kühe, so zum Beispiel hier auf der Fischunkelalm (am Königssee) gleich nach dem Auftrieb.

Maria Wiesenböck *hat sage und schreibe drei Viertel ihres fast 80-jährigen Lebens auf der Oberkaseralm am Geigelstein verbracht. 60 Almsommer also, davon 40 ganzjährig – die Alm ist ihr Zuhause.*

Dieter Hennemann *73 Jahre alt, Tierarzt und Bauernhofbesitzer in Vilshofen/Niederbayern, hat seit 34 Jahren die Regenalm für seine Rinderherde gepachtet und sömmert sie nun den 11. Sommer allein.*

Regenalm

Die Regenalm, mit einem der interessantesten Rundumkaser im Nationalpark Berchtesgaden, bewahrte sich ihre Eigentümlichkeit durch das stete Engagement des Dieter Hennemann. Jetzt wo er Zeit für seine Alm hat, sömmert er nicht nur sein Vieh heroben, sondern er hält sie vorbildlich in Stand; gar nicht so einfach, insofern als sie nur per pedes erreichbar ist. Er zimmert sogar selbst die 10 000 Legschindeln fürs Dach, das er alle sechs Jahre eindeckt. Geistig beweglich war er immer, und so wundert 's schon gar nicht, dass er jetzt in seiner Bergeinsamkeit via Internet Slawistik studiert. ■

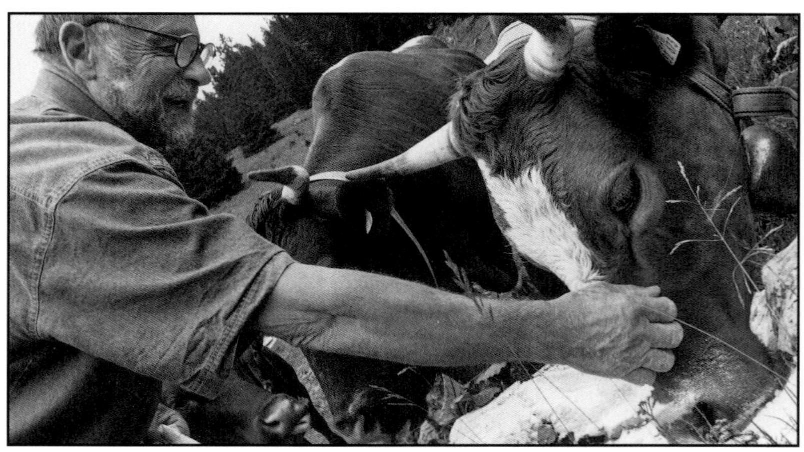

Bodenalm

Sein Leben ist die Alm und das schon seit 35 Jahren. So lange schon verbringt der 76-jährige Johann Hagn, der Staucher, seine Sommer heroben auf der schwer zugänglichen, motorisiert nicht erreichbaren Bodenalm unterhalb der Bodenschneid (Tegernsee). Neben dem Jungvieh hat er noch zwei Milchkühe heroben, sodass er noch selber buttert. Zum Wirtschaften und Kochen braucht man ein tüchtiges Herdfeuer, das Holz dazu hackt sich der Staucher selber. Holz genug in der Umgebung gibt es ja, Gott sei Dank. Wichtig für ihn auf der abgelegenen Alm ist der Kontakt zum Tal und dafür hat er sein Handy. ■

Auf'm Stepberg

von Thomas Plettenberg

Die Stepbergalm ist eine der heutzutage seltenen reinen Schafalmen unterm Kramer im Werdenfelser Land.

Großartig immer wieder ist für den Hermann Ostler der Blick auf die Zugspitze, wenn er zurück kommt vom Hüten.

Dick eingewickelt in festen Loden, den Hut aus Filz tief in das Gesicht gezogen, dazu stundenlang in beinah' stoischer Ruhe, die Arme fest verschränkt, auf den Stab gestützt – nein, damit hat der Ostler Hermann beileibe nichts zu tun. Stundenlang steigt er manches Mal in kurzer Hose und Leinenhemd, mit Rucksack und Ledertasche in steilem, schroffen Gelände herum, ruft und schaut, wo sich ein Schaf verstiegen haben könnte. Klare, blitzende Augen hat er, ein charaktervoll kantiges Gesicht, dazu einen rassigen Bart. So müssen sich die „Staderer" vielleicht einen Wildschützen vergangener Tage vorstellen, wenn der Ostler Hermann den Filzhut ein bisserl schneidig-verwegen zurechtrückt. Er aber ist Hirte auf der Stepbergalm. Hirte einer Schafherde mit 450 bis 500 Stück.

„Schaf möcht i nia hüat'n müssen", so hat so manche Sennerin und so mancher Almerer zu mir gesagt. Eine Herde Schafe sei ja viel unruhiger als eine noch so große Schar Kälber. Viel müsse er schon auf sein Vieh schauen, erzählt der Ostler. Er weiß wohl, wovon er redet. Seit Jahren bewirtschaften er und seine Frau, die Elisabeth, die Stepbergalm, droben in 1600 Metern Höhe unterm Kramer im Garmischer Gebiet. Die vielen Wanderer, die hinauf

Auf seiner Runde zusammen mit seinem Hund Hexi prüft der Hermann die Spannung am Elektrozaun, legt vielleicht noch einen neuen Salzstein aus und hält Ausschau nach der weit im Gelände umherstreifenden Schafherde.

Das mineralhaltige Salz, die Miet, hat der Hermann immer dabei und kann damit die Tiere locken und leiten.

marschieren über die Rotmoosalm und die Ochsenhütte in Richtung Griesen genießen da oben die reine Luft und den atemberaubenden Blick auf die Zugspitze und das Wettersteinmassiv. Hier hat sich „ein Bubentraum" vom Ostler Hermann erfüllt. Sein Vater war mit dem Vorgänger auf der Stepbergalm befreundet, und so war der Hermann viel mit dessen Sohn beieinander. Damals hat er wohl zu träumen begonnen von der Arbeit auf dieser Alm. 1990 hat sich dann die Gelegenheit eröffnet, die Alm übernehmen zu können. Es ist eine kleine und sehr alte Alm, die schon Ende des 14. Jahrhunderts zum ersten Mal schriftlich Erwähnung findet und die weit ins 19. Jahrhundert hinein eine Sennerei war, gar mit einer Kaserhütt'n, für die heute kein Platz mehr ist. Hier auf der Stepbergalm wird neben zwei weiteren Almen in der Gegend noch die lange Tradition der Schafhaltung im Werdenfelser Land am Leben erhalten.

Das Vieh haben die Ostlers quasi dazu bekommen, Schafe hat's im Gebiet unterhalb vom Kramer nämlich „schon immer" gegeben. Früher sollen es gar um die 1000 Stück gewesen sein, die Sommer für Sommer in die Höhe gestiegen sind. Heutzutage zieht der Ostler mit gut 20 eigenen Tieren und an die 450 bis 500 Stück fremdem Vieh

Beneidenswerte Ausblicke beim täglichen Kontrollgang.

hinauf, allesamt Werdenfelser Bergschafe. Um den August herum zählt er dann weitere rund 75 Stück Jungvieh.

Dazu muss man freilich wissen, dass die Stepbergalm eine so genannte Genossenschaftsalm ist. Das heißt, die Alm gehört der Genossenschaft, bei der der Ostler Hermann auch als Hirte angestellt ist. Jedes Mitglied dieser Genossenschaft hat seit jeher das Recht, Tiere im Sommer auf die Alm schicken zu dürfen. Früher sei streng darauf geachtet worden, dass es nur Mitglieder der Genossenschaft waren, weiß der Hirte. Zu den Zeiten, als beispielsweise der Bürgermeister von Garmisch zugleich auch der Vorsitzende der Genossenschaft war. Dafür sind heute die Vorgaben für die Arbeit vom Ostler Hermann sehr viel enger. „Die Schafe werden weniger, aber die Arbeit durch die Auflagen wird immer mehr", erzählt er. Früher, so erinnert er sich, seien im Frühjahr von den Bauern einfach die Stalltüren geöffnet worden, und die Schafe konnten hinauflaufen auf den Berg. Heute müssen die Schafe um den 15. Mai herum an einem bestimmten Tag zu ihm gebracht werden. 50 bis 60 Bauern aus dem Werdenfelser Land, aus Farchet und aus der Jachenau sind es noch. Die Tiere werden entwurmt und müssen durch ein Klauenbad waten, danach kommen sie auf eine Gemeinschaftsweide.

Die kleine Almansiedlung am Stepberg umfasst drei Hütten: Stallgebäude, Sennhütte und ein zusätzliches Wohnhaus, in dem die Wanderer zur Jause einkehren können.

Wenn's dann ein paar Tage darauf endlich an der Zeit ist, dass sie hinaufsteigen dürfen, hupfen die Schafe mit lautem Blöken umeinander und stürmen los. Und mit dem ersten Tag beginnen die arbeitsreichsten und turbulentesten Monate im Jahreslauf für den Hirten. In der folgenden Zeit muss der Almerer den Tieren immer wieder Einhalt gebieten; muss sie zurücktreiben, wenn sie zu schnell zu weit hinaufsteigen, von Almboden zu Almboden sollen sie ziehen. Besonders schlimm wird's, wenn es unerwartet noch einmal schneit, meint die Ostler Elisabeth. „Dann zieht's die Viecher hinauf." Warum gerade hinauf und nicht hinunter, das weiß so recht eigentlich niemand. Auf jede Wiese freilich dürfen die Schafe heutzutage auch nicht mehr, gerade im Bereich des Forstes. Also muss der Hirte Hunderte von Metern Elektrozaun abwickeln, die Stecken in den gebirgigen Boden rammen und daran den Zaun einfädeln. Weil so ein Elektrozaun nichts hilft, wenn nicht durchgehend Strom fließt, muss er ihn täglich kontrollieren.

Die tägliche Arbeit beginnt für den Ostler Hermann um halb 5 Uhr in der Früh im Stall. Danach schaut er zum ersten Mal nach dem Vieh, stets begleitet von der Hexi, seiner Hündin, ein Appenzeller Schäfer-Mischling. Weit müssen die beiden gehen, der Hirte und sein Hund. Nie sind die Schafe auf nur einer Fläche, dazu ist die Herde zu groß. Wenn die Tiere noch weit von der Alm im Kramergebiet entfernt sind, dann hat der Ostler Hermann schon dreieinhalb Stunden zu gehen, bis er bei ihnen ist. Muss er suchen, dauert's freilich länger. „An jedem Tag zu allen Tieren zu gehen, das geht nicht", erzählt der Hirte. Zählen kann er die Schafe in dem weitläufigen Gelände ohnehin nicht. Wenn eines in der Herde fehlt, dann bemerkt das der Almerer, weil er es im Gelände findet – oder erst am

Dem Hermann seine Frau, die Elisabeth, ist für die Bewirtung der Wanderer zuständig. Was es gibt, ist herzhaft und vor allem schmackhaft. Die Arbeit geht der Elisabeth kaum aus, sie hat ja auch zwei kleine Kinder heroben zu versorgen.

Ende des Sommers auf der Alm, nachdem er im Tal alle Tiere gezählt hat. Fünf können es schon mal sein in einem Sommer, erinnert sich der Ostler, oder gar zehn wie das eine Mal, als besonders viele Lämmer zu der Herde gehörten. Manchmal erschlägt der Blitz ein Tier, manchmal kommen welche bei Steinschlägen um. „Die größten Feinde aber sind die frei laufenden Hunde der Wanderer", sagt der Hirte. Die Hunde würden die Schafe so lange hetzen, bis sie nicht mehr können oder sich im steilen Gelände zu weit verstiegen hätten. Dann würden sie eingehen. Helfen kann er ihnen oft nicht mehr. Wenn er sie findet, haben sich vielleicht schon die Vögel ihren Teil geholt. „Das ist die Natur."

Nach dem ersten Marsch kehrt der Ostler dann zur Stepbergalm zurück, hilft seiner Frau beim Kochen und kümmert sich um das Wohl der Gäste. Nachmittags schaut er noch einmal nach dem Vieh, ehe ihn erneut die Stallarbeit erwartet. Feierabend ist erst gegen 10 Uhr nachts. Jede zweite Nacht ist er allein auf der Alm. Dann steigt die Elisabeth abends ins Tal hinunter zu ihrer Mutter, bei der die Zwillingstöchter der Ostlers die Woche über leben. Wenn die Martina und die Katharina tags darauf im Kindergarten sind, wandert die Elisabeth wieder auf die Alm, eineinhalb Stunden lang. „Man g'wöhnt sich dran", meint sie kurz. Am Wochenende sind die Töchter auf dem Berg dabei. Und mit ihnen manches Mal Freundinnen, die begeistert sind, wenn sie am Leben der Almerer teilhaben dürfen. Vielleicht träumen sie auch den Traum vom Ostler Hermann, später einmal Hirte zu werden. Besondere Freude haben die Kinder am Hausschwein. Eines oder zwei haben die Ostlers immer auf der Hütte dabei. Dazu vier oder sechs Milchkühe. Für die frische Milch, die 's auf der Alm gibt. Kas'n können die Almerer nicht, dazu fehlt

Sich „sauwohlfühlen", das darf und kann man auf der Stepbergalm auch.

ihnen in der kleinen Alm der Platz. Dafür gibt es einen feinen Kaiserschmarrn und einen herzhaften Eintopf für die Wanderer nach dem mühsamen Aufstieg

Wenn's dann in den Herbst hineingeht, dann sind auch die 60 bis 70 Stück Jungvieh, die die Ostlers auf ihrer kleinen Landwirtschaft im Tal haben, in der Nähe der Stepbergalm. Vor August weiden sie auf einer anderen Alm. Rund 14 Tage dauert's, bis der Hirte seine Schafe im ganzen Gebiet gesammelt und zusammengetrieben hat. Den Weg ins Tal treten sie am dritten Sonntag im September an. Einen feierlichen Almabtrieb, den gibt's bei den Schafen aber nicht. Mit dem hellen Geläut ihrer Glocken ziehen die Schafe ins Tal. Dort werden sie – nach dem Februar – zum zweiten Mal geschoren und den Bauern wieder übergeben. Die Wolle der Bergschafe sei eine ganz besondere, weiß die Ostler Elisabeth. D'rum habe es früher in beinahe jedem Haus eine Spinnerei gegeben. Aber auch diese Tradition stirbt langsam aus.

Bis Mitte Oktober ist die Alm dann noch für Wanderer geöffnet, bevor die Ostlers sie winterfest machen. Dann ist er manchmal auch froh, wenn der Sommer auf der Alm vorüber ist. Und wenn es das Wetter erlaubt, springt vielleicht noch eine Woche Urlaub raus. Denn in der Wintersaison arbeitet der Ostler Hermann als Pistenraupen-Fahrer bei der Gemeinde. Das war schon immer so, dass die Schafhirten der Genossenschaft im Winter bei der Gemeinde angestellt waren, damit die Familien ihr Auskommen hatten.

Verdient ist wenig als Hirte. Warum tut er sich die Arbeit dann Jahr für Jahr auf? Wegen der Ruhe auf dem Berg, die die „Staderer“ sehnsüchtig suchen und um die sie ihn beneiden? „Die Ruhe ist selten geworden auf dem Berg“, meint der Ostler Hermann. Eigentlich sei es nur bei schlechtem Wetter ein bisserl ruhiger. Dann habe er aber anderes zu tun. Etwa den Weg zu reparieren, auf dem er seit Anfang der 90er Jahre mit einem Spezialfahrzeug die Lebensmittel vom Tal zur Alm transportieren kann. „Und die Idylle, die sich viele Leute vorstellen, gibt's auch schon lange nicht mehr“, sagt er.

Warum also Jahr für Jahr Hirte auf der Stepbergalm? Weil er trotz aller Widrigkeiten Schafhirte mit Leib und Seele ist, und weil er Idealist ist. „Ich hab' auch schöne Tage“, erzählt der Ostler, „und ich habe freie Hand. Ich bin mein eigener Herr.“ D'rum zieht's ihn jedes Frühjahr wieder hinauf. „Es ist halt doch ein Jugendtraum“, sagt der Hirte von der Stepbergalm. Einen solchen gibt man nicht so ohne weiteres auf. ■

Der Lechner Toni

hat, wie viele im Werdenfelser Land, seine Schafherde, so um die 25 Stück, auf einer Genossenschaftsalm. Hin und wieder mag er aber schon selber nach dem Rechten sehen da heroben – und die Tiere freut 's, wie man sieht. ■

Ennigalm

Hoch über Farchant in Richtung zum Kramer liegt auf 1550 Metern Höhe die Alm, die der Franz Neuner mit seiner Frau Martina bewirtschaftet. Seit 20 Jahren kümmern sie sich hier heroben von Anfang Juli bis Mitte September um das Jungvieh, außerdem um gut zehn Rösser, ein Schwein und mehrere Hennen. Ein lohnendes Ziel für Wanderer, die von den Neuners jeder Zeit eine pfundige Brotzeit bekommen. Wenn die Almzeit vorbei ist und es wieder Herbst und Winter wird, verdingt sich der Neuner Franz als Raupenfahrer im Dienste der Gemeinde und freut sich mit Sicherheit auf den nächsten Almsommer. ■

Impressionen

Bin bei
de Hoima

Ayinger
BIERSPEZIALITÄTEN
FRISCH
ALMKÄSE
Ayinger Bier - immer ein Anlaß.

IHS

HB

Vom Hoagascht'ln auf der Alm

von Claudia Funk

Hoagascht auf der Oberen Schönfeldalm im Sommer 2001 mit Helmut Silbernagl

Auf d'Gungl geh, das hat früher soviel bedeutet wie von Hof zu Hof ziehen, also Kommunikation und Kontaktpflege, so erklärt es jedenfalls der Trellinger Karl. Das betraf aber offensichtlich nur den männlichen Teil der Bauern, die diese Sitte des sich gegenseitigen Besuchens, um Neuigkeiten auszutauschen, früher intensiv pflegten. Die Frauen blieben derweil brav daheim, machten ihre Arbeit, die vielfach anfallenden Handarbeiten, wie stricken, stopfen und dergleichen mehr. Die modernen Zeiten haben so manches verändert, Neuigkeiten erfährt man aus den Medien, aber zum geselligen Zusammensein trifft man sich natürlich nach wie vor, und zum Ratschen gibt es auch heute noch genügend Stoff. Gerade die Almleut treffen sich gern untereinander, leicht verständlich, hin und wieder braucht man eine Ansprach, möchte sich austauschen. Man kommt zum „Hoagascht'ln" zusammen, das bedeutet nichts anderes als dass man sich am Feierabend nachbarschaftlich trifft zum Plaudern, zum Singen und Musizieren. So war es früher und so wird es auch jetzt noch gehalten, wenn was zusammengeht. Da sorgt schon der Trellinger Karl dafür, denn er hat eine gute Stimme, außerdem einen großen Liederschatz parat, vor allem natürlich über das almerische Leben. Solche Lieder erzählen von Senn und Sennerin, von Jägern und Wilderern, vom Alltag, von Freud und Leid und vor allem immer wieder von der „Liab". Denn wie jeder weiß gibt es „auf der Alm koa Sünd" und in dieser Freiheit, weit weg von den moralischen Instanzen und der sozialen Kontrolle im Dorf, erblühte so manche Romanze.

Deswegen, so meint der Trellinger, seien auch früher die schönen Mädchen und Frauen vorsichtshalber eher selten auf die Alm gekommen und gleich gibt er ein Lied von einer „kropferten" Sennerin zum Besten. Die war gewiss

Zum richtigen Hoagascht'ln gehört nicht nur eine g'scheite Brotzeit, sondern auch eine zünftige Stubnmusi.

nicht gefährdet und d'rum hat man sie auch gern mit ihrem Karren und allem benötigten Hausrat „gen Alm fahren" lassen. Fahren wegen des stets benützten Karrens, keineswegs, was heutzutage naheläge, wegen der inzwischen vielfach angelegten Almwege, die ja auch jedes geländegängige Auto leicht bewältigt. D'rum gilt immer noch der alte Almgruß: I wünsch a guats Auffahr'n, i wünsch a guats Ofahr'n, je nach dem, ob's auf die Alm hinauf geht oder ob man wieder ins Tal hinunterzieht.

Es waren schon immer recht eigene Leut, die sich da oben im Gebirg zusammengefunden haben und eigen ist auch so manches in ihrem Sprach- und Verständigungsverhalten. „Dern ma eppas galna" (goina gesprochen), mag da einer beispielsweise sagen und er meint damit, dass man sich etwas mitzuteilen hat. Eine solche Mitteilung wurde dann im lauten und singenden Tonfall von Alm zu Alm geschmettert, etwa um sich zu verabreden oder auch nur um kundzutun, dass alles im eigenen Bereich in Ordnung sei. Wenn man sich besonders gefreut hat oder auch zur Begrüßung oder Verabschiedung eines Gastes konnte auch noch ein Juch'zer drangehängt werden. Modern times, seit Erfindung des Handys ist die Almsprache überflüssig und wird wohl langsam aussterben. ■

Johann Kloo, *Fritzen-Hans genannt, fährt dreimal in der Woche auf die Baumoosalm (Oberaudorf) wegen dem Jungvieh. Zudem ist er Bienenzüchter und außerdem kümmert er sich um den historischen Verein.*

Adam Koller, *der Hinterkeilhofer, hat 22 Almsommer auf dem Buckel, die er am Niederleger auf der Mordau und im Gschoßkaser am Lattenberg verbracht hat.*

Der Gschoßkaser am Lattenberg,

auf dem der Adam vier bis sechs Wochen Almzeit verbringt, schaut heute noch so aus, wie er vor Jahrhunderten als halber Rundumkaser gebaut wurde. Er ist vom Bauhistorischen her ein einmaliges Kleinod. Seit 22 Jahren ist der Adam permanent am Richten, er schindelt das Dach, er bessert den Boden aus, kurzum, er ist damit beschäftigt den Kaser wohnlich für Mensch und Tier zu erhalten. Auf der offenen Feuerstelle wärmt er das Wasser, das er zum Säubern des Melkgeschirres der acht Kühe braucht. Zum Essen machen für sich selber benutzt er einen kleinen Gasherd. ■

Peter Osterhammer, *einziger Mann auf dem Frauenkaser (Chiemgau), ist seit zwei Sommern Almerer hier oben. Der frühere Bauer und passionierte Jäger hat eine neue Berufung gefunden.*

Franz Reifenstuhl, *Bauer aus Rottach-Egern, hat zwölf Stück Vieh in Pension auf der Risselsbergalm am Schinder. Bei der Hauptalmbegehung, hier im Sommer 2001, ist er immer anzutreffen*

Fuikl machen im Berchtesgadener Land

von Claudia Funk

Maridl Maltan von der Ragertalm mit den prächtig bekrönten, fertigen Fuikl vor ihrer Almhütte.

Stichtag ist der 24. August, Sankt Bartholomä. Von jetzt an wird bei der Wegscheider Agi vom Lacklehen in Ramsau der Almschmuck für den Abtrieb vorbereitet, der aber nur zum Einsatz kommt, wenn der Sommer auf der Alm und am Hof gut verlaufen ist und weder Mensch noch Vieh zu Schaden gekommen sind. Weil die meisten jungen Sennerinnen bei ihr auf der Halsalm die Techniken der Herstellung nicht mehr so ohne weiteres beherrschen, lernt sie sie an, hilft ihnen, indem sie selbst daheim auf dem Hof mittut bei der Vorbereitung der sogenannten „Fuikl". So nennt man in Berchtesgaden den Kopfschmuck für Kühe und Kalbinnen beim Almabtrieb. Am ersten Wochenende im Oktober ist es so weit: für die aufwändige Handarbeit bleiben also noch sechs Wochen Zeit.

Es gibt natürlich Gründe dafür, dass gerade im Berchtesgadener Land so viel Mühe für den außergewöhnlich dekorativen Schmuck der Almtiere aufgewendet wird: In Gebirgsgegenden sind die Höfe traditionell kleiner, die Weideflächen begrenzt, die Viehzahl gering. Mit 15 Tieren gehört man schon zu den Großbauern. Dazu kommt das Problem der steilen, ohne Fahrwege schwer erreichbaren Almböden. Die Gefährdung der ohnehin kleinen Herde war immer ungleich größer als andernorts und deswegen war man seit jeher besonders dankbar, wenn den Sommer über kein Schaden entstand.

So werden am Ende des Sommers dem Almvieh regelrechte Kronen aufgesetzt, den größten Tieren bis zu vier übereinander. Das Grundmaterial der Fuikl ist ein Tannenbaum, jedenfalls bei der Wegscheider Agi, weil Fichtenäste viel leichter brechen. Die findige Bäuerin holt sich also die nach Dreikönig weggeworfenen Christbäume, meistens Nordmanntannen, ins Haus und hebt sie bis in den

Agi Wegscheider, bei den Vorbereitungen zur Schmückung der Tiere, für die sie viele Stunden benötigt.

August auf. Bevor sie mit Draht zurechtgebogen werden, müssen sie ein paar Tage wässern, um die rechte Elastizität zu haben. Dann wird Ast für Ast zu einem Bogen geformt und mit der Spitze wieder am Stamm befestigt. Je nach Baum ergeben sich daraus die größeren oder kleineren Kronen.

Zum Schmuck der kahlen Äste werden Rosen und Mascherln gefertigt, aber nicht einfach aus textilem Material, sondern aus hauchfeinen Holzspänen, die von einem astreinen Brett abgeschabt werden. „Schababandln“, die Bezeichnung dafür kommt nicht von ungefähr. Heute werden sie gekauft, früher hat man sie selber hergestellt, aus dem Material Holz, das für alle verfügbar vorhanden und am billigsten war. Am schönsten und haltbarsten ist es noch dazu. Die Band'ln sind in vielen Farben erhältlich und machen, zu Formen gedreht und dann mit Garn angenäht, aus den kahlen Ästen wahre Wunderbäume. Etwa 10 Stunden rechnet die Agi für kleinere Fuikl, wenn sie dranbleiben kann und nicht ständig von der Arbeit fortgerufen wird. „Eine Almarbeit für d'Nacht“ wär das, meint sie und fügt dann hinzu, dass man aber dazu nach einem langen Tag manchmal einfach zu müd sei.

Der Tag des Abtriebes ist ein Festtag für die Familie vom Lacklehen, an dem sie alle zunächst einmal beim „Aufkranz'n“ zusammenhelfen. Die Kühe und die größeren Kalbinnen bekommen ein jeweils von den Ausmaßen her passendes Fuikl, die ganz Kleinen einen Latschenbuschen oder einen Hörndlkranz. Latschenkreuze, Silberdisteln und Rosen, dazu natürlich die prächtigen Glocken, vervollständigen den Putz. Manner und Weiberleut haben sich fein hergerichtet, dazu kommt heut extra noch ein Sträußerl vergoldeter Almrausch mit einer winzigen Rose drauf. Die

Männer schmücken den Hut damit, die Frauen das Dirndl-g'wand; denen, die den Weg säumen zum Zuschauen, schenkt man gern ein solches Gebind als Erinnerung.

Ein guter Brauch ist es, die Tiere, bevor sie talwärts ziehen, noch mit Weihwasser zu besprengen. So macht man es beim Lacklehen-Bauer auch. Und wenn dann alles vorbei ist und alle gesund am Hof angekommen sind, gibt es ein üppiges Festmahl. Der prächtige Schmuck der Tiere und die Glocken werden auf einem großen Tisch ausgebreitet und dürfen von allen bewundert werden. Etwas später wird er noch einmal eine schöne und symbolhafte Verwendung finden, wenn er zum Erntedankfest in die Kirche getragen wird. Eine letzte Dankesgeste vor dem Herrgott für einen gelungenen Almsommer. ■

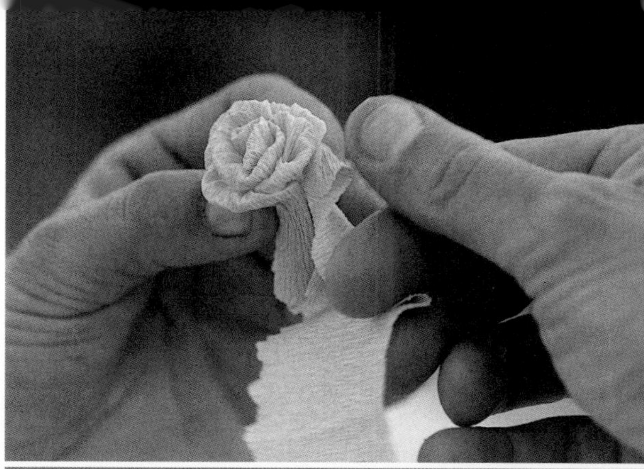

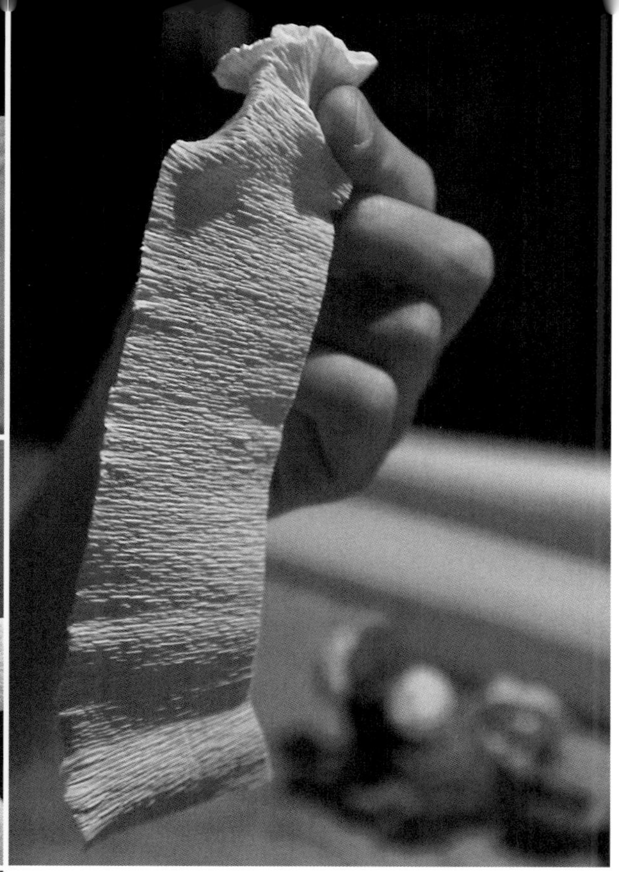

Busch'n binden

auf der Oberen First ist gleichzeitig Gelegenheit zum geselligen Zusammenkommen. Die Christiane, die Ingrid, die Uschi und der Sepp sitzen miteinander in der Almstube beim Busch'nbinden. Spät kann es werden. Denn bis die ganze Pracht beieinander ist, sind viel Zeit, Geduld und Mühe nötig. ■

Almabtrieb

von Claudia Funk

Glocke ist nicht gleich Glocke. Es gibt sie in verschiedener Form und Größe, dementsprechend unterscheiden sie sich im Klang.

Treib'n ma hoam, treib'n ma hoam, Kirtasamstag treib'n ma hoam. So heißt es beim Dersch (den man „Deusch" spricht) aus Rottach-Elmau, wenn es endlich wieder heimzu gehen soll von der Alm. Am Samstag vor Kirchweih, das ist der dritte Samstag im Oktober, ist es dann so weit: Wenn kein Tier verloren gegangen ist und niemand vom Hof gestorben ist, zieht die Herde in buntem Gepränge und begleitet von der ganzen festtäglich gekleideten Familie vom Berg zurück ins Tal.

Wochen mit emsiger Vorbereitung sind dem Tag des Almabtriebes vorangegangen, denn der Schmuck der Tiere wird jedes Jahr in mühsamer Handarbeit selbst hergestellt. Die einen binden die bunten Busch'n und Kranz'ln noch oben auf der Alm, andere wie auch der Dersch fertigen sie auf dem Hof und bringen sie dann hinauf. Dazu braucht es vier oder fünf Leute aus der Familie – Maier heißen sie, der Hofname Dersch stammt von einem frühen Vorfahren mit Namen Lindl Tersch – die sich 14 Tage vor Kirchweih zusammentun zum Basteln.

Als erstes kommen die „Rosei", die Blumen aus buntem Krepp-Papier, die gedreht oder geschnitten werden. Für die Gedrehten macht man mittels einer Stricknadel dünne Krepp-Papierröhren, die dann zu Rosen geformt, eben „gedreht" werden. Bei den „Geschnittenen" werden die fertigen Rosen zusätzlich mit einer Schere in regelmäßigen Abständen vom Rand her eingeschnitten. Aus leichtem Seidenpapier sind die Band'ln, die die Busch'n und Kranz'ln noch zusätzlich schmücken. Die dabei verwendeten Farbzusammenstellungen sind beliebig, die Hauptsache ist, dass es schön bunt und fröhlich ausschaut. Weiß-blau-bayerisch darf 's natürlich auch sein.

Was ganz Besonderes sind beim Kopfschmuck die Kreuz'ln. Es gibt, zumindest beim Dersch, immer nur zwei, ganz gleich, wie groß die Viehzahl ist: eines mit Silberdisteln und eines mit Blumen. Die zwei bravsten Tiere dürfen sie, mit Lederriemen befestigt, heimtragen. Das eine kommt in die Stube in den Herrgottswinkel, das andere ans Familiengrab. So ist es der Brauch.

Schon Tage vorher bringt der Bauer den Almrausch von den Bergwiesen mit, der das Grundmaterial sowohl für die Kreuz'ln als auch für die Kranz'ln ist. Mit Kranz'ln verziert wird bei den Kälbern nur der Kopf, bei den Kühen sogar noch der Bauch. Ein paar Tage vor dem Abtrieb werden schließlich noch junge Fichten geschnitten. Jeder dieser „Koppen" oder „Busch'n" kriegt noch einen Zierat von 60 bis 80 Rosen, dazu die Band'ln. Die ganze fertige Pracht wird endlich zusammen mit den Kuhglocken auf die Alm gefahren und dort mit einem Namenszettel versehen aufgehängt.

Drei Gruppen von Glocken gibt es, die sich in Form, Größe und Klang unterscheiden. Die ältesten sind die sogenannten „Mailänder", die aus der Schweiz stammen und die man früher manuell fertigte. Heute werden sie natürlich maschinell hergestellt. Weithin und hell klingen die Speisglocken, dunkel die großen Gungerer. Jedes Tier bekommt die Glocke, die von der Größe her zu ihm passt. Heidnischen Ursprungs ist – wie so manch Altüberliefertes – auch der Brauch des Schmückens des Almviehs. Regelrechte „Masken" sollten die Tiere auf ihrem Heimweg unkenntlich machen und so vor dem Einfluss böser Geister schützen. Solche Tiermasken gibt es noch mehrfach, so auch im Leitzachtal. Auch Glocken durch ihren laut lärmenden Klang dienen diesem sogenannten Abwehrzauber, halten die Dämonen fern auf dem langen, vielen Anfechtungen ausgesetzten Weg von der Alm zum Hof. Zu diesen apotropäischen Zeichen (so heißt es in der Volkskunde) gehört auch so manches später als Zierat verstandene Attribut an menschlichen Behausungen, der eingekerbte Drudenfuß, das Sonnenrad, die Sterntür, der mit Drachenköpfen besetzte Bundwerkgiebel und vieles mehr. Aber das ist ein anderes, wenn auch sehr spannendes Thema.

Am Kirtasamstag in aller früh trifft sich die Familie Maier auf der Alm zum „Aufbusch'n", wie man es im Miesbacher Land nennt, während man im Chiemgau und im Berchtesgadener Land „Aufkranz'n" sagt. Jedes einzelne Tier wird mit dem entsprechenden Schmuck austaffiert, Maskerade, das Wort passt durchaus, wie wir inzwischen gesehen haben. Früher hielten Seile den schweren Kopfputz, heute gibt es aus vielfachen Gründen immer mehr Rinder ohne Hörner, weshalb starke Lederriemen für den richtigen Sitz sorgen müssen. Vorsichtig wird das Vieh dann durch die Stalltür manövriert, nicht dass dabei schon die ganze schöne Pracht ramponiert wird. Es ist ein freudig aufregender Festtag, dieser Tag des Almabtriebes, an dem alle beteiligt sind und mithelfen. Am Hof angekommen, umrunden die Tiere drei Mal den Hof wie es der Brauch ist, bevor sie auf die Heimweide dürfen und die Familie sich zum Festmahl zusammensetzt, bei dem man einen gut zu Ende gegangenen Almsommer gebührend feiert. ■

Fahr'n ma hoam . . .

sagt man zum Almabtrieb, der von je her, wenn der Almsommer gelungen war, mit großem Gepränge begangen wurde. So ist es auch heute noch. Die gesamte Herde marschiert, festlich geschmückt, von der Leit- oder Kranzkuh angeführt, ins Tal zum heimatlichen Hof. Hier sitzt man dann beisammen bei einem festlichen Essen und einem ausgiebigen Ratsch. Der Kopfschmuck der Tiere kommt in den Herrgottswinkel in der Stube, über die Stalltür und wird teilweise auch an die Treiber verteilt. ■

ihs

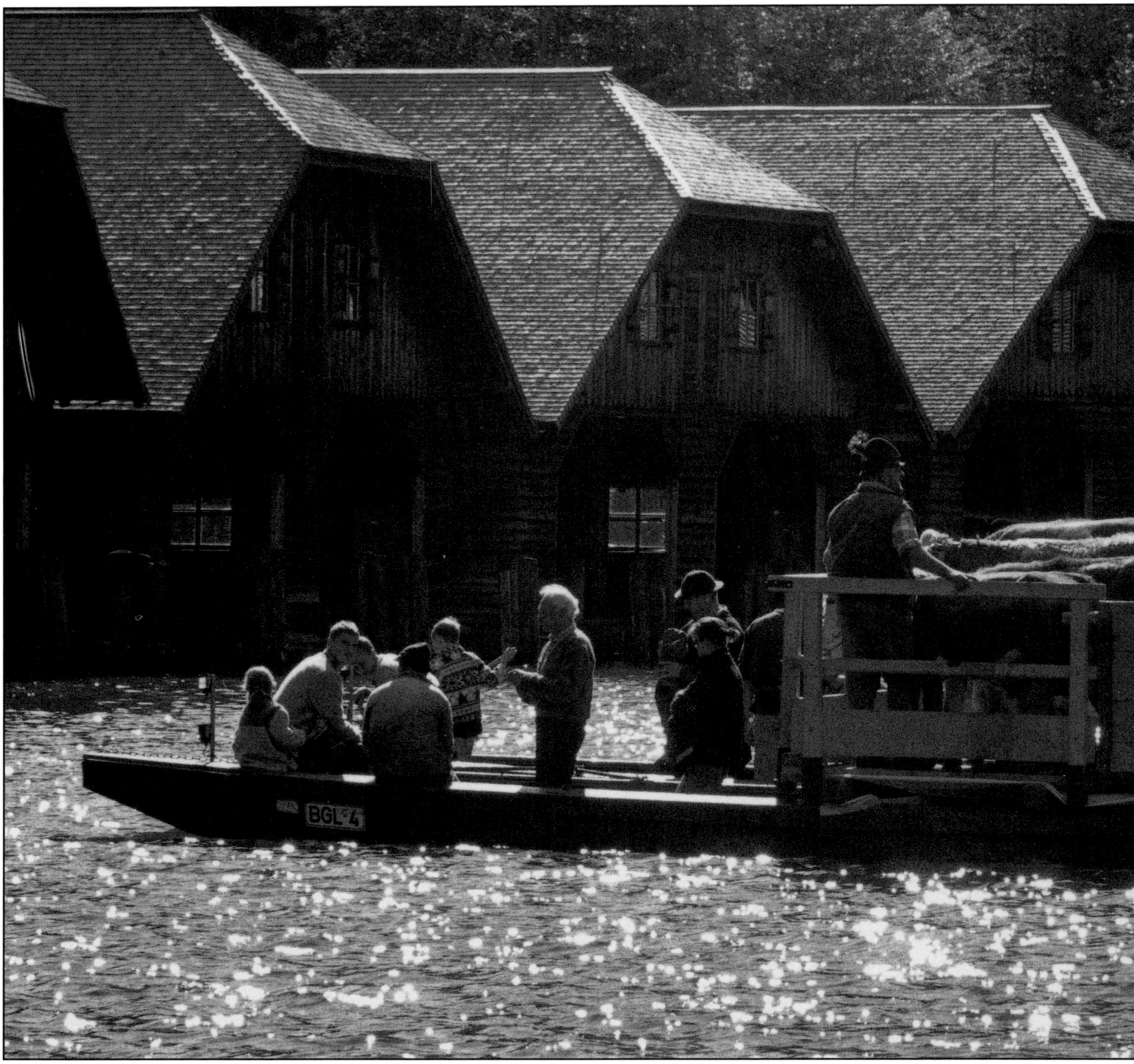
BGL 4

Heimwärts geht's ebenfalls wieder über das Wasser. Geschmückt werden die Tiere auch hier nur nach der Ankunft an Land, wenn der Almsommer ohne Unglücksfall verlaufen ist.

Almabtrieb im Berchtesgadener Land

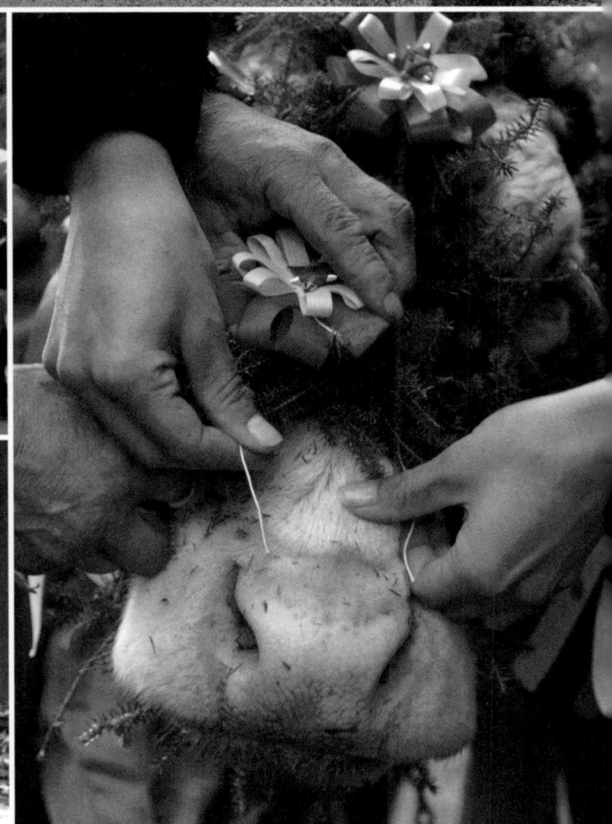

Mathilde Kuchlbauer, *Urenkelin des berühmten Johann Grill, Erstbesteiger der Watzmann-Ostwand 1881, ist im 32. Sommer auf der Mordau- und Lattenbergalm im Berchtesgadener Land.*

Georg Huber, *der seit sechs Jahren als Forstarbeiter in Rente ist, betätigt sich als Almerer auf der Moosenalm (Vorderriß) und Hinteren Scharnitzalm (Jachenau). Daheim ist er in Gaißach.*

Zukunft für eine Alm: Die Wildfeldalm

von Claudia Funk

Die Untere Wildfeldalm gelegen auf 1552 Metern, wurde 1999 ganz neu erbaut.

Peter Regauer, Austragsbauer zum Jodlbauer aus Hagnberg.

„Heimanwesen und Almwirtschaft müssen eine Einheit bilden", erklärt der Regauer Stefan, der jetzige Jodlbauer von Hagnberg. So war es von alters her. Das reich bemalte Haus des Jodlbauern ist eines der bedeutendsten Bauernhäuser im altbayerischen Raum. Die spätbarokken Lüftlmalereien am verputzten Wohnteil von Johann Baptist Behaim, 1786 datiert, wurden schon im Kunstdenkmälerinventar von 1902 gewürdigt. Die zum Anwesen gehörige Obere Wildfeldalm, auf 1620 Meter Höhe gelegen, denkmalgeschützt, ist nach Ursprünglichkeit und Lage eine der eindrucksvollsten Hütten Oberbayerns.

Alles zusammen Grund genug, dass der Bauer und sein Sohn die Mühen für eine neue Almhütte auf sich genommen haben. Angefangen hat der Aufwand um eine neue Alm mit der Flurbereinigung Ende der 70er Jahre. Damals hat die Genossenschaft am Klammstein 42 Hektar Waldweide an den Staat abtreten müssen und im Gegenzug das Recht erhalten, einen Weg auf die Wildfeldalm zu bauen, die höchstgelegene Alm des gesamten Miesbacher Landkreises. Aus der Abmachung ergab sich die Pflicht, zwischen der sogenannten „Lichtweide", den Wiesen und der Waldweide einen Zaun zu ziehen. Das wiederum hatte zur Folge, dass die Tiere auf der Alm im

Die Almerinnen Irmi Baumgartner und Kathrin Stückl freuen sich über ihre neue Alm im Rotwandgebiet.

Falle eines Wettersturzes keinen Unterstand mehr fanden und im Stall untergebracht werden mussten. Da die Wildfeldalm aber nur maximal 25 Tiere aufnehmen konnte, meistens aber weit mehr auf der Alm waren, beschlossen Vater und Sohn Regauer, etwas unterhalb eine neue größere Alm zu bauen. Aber so einfach war das nicht. Eine Kommission sollte entscheiden, ob und wie die Alm, gebaut werden sollte. Für den Jodlbauern gab es nur einen Kompromiss: Den Zaun aufmachen, wenn es schneit, dann braucht es keine neue Hütte. So was nennt sich das Recht auf Schneeflucht. Das heißt,

dass der Senner seine Tiere, wenn es oben bereits schneit, weiter nach unten, auch auf fremden Besitz treiben darf. Das sei eine ganz wichtige Regelung, sagt Franz Steindlmüller, der Vorsitzende des Almwirtschaftlichen Vereins Oberbayern. Für dieses Recht hat er schon manchen Streit ausgetragen. „Erst wenn es von unten nach oben schneit, dann geben wir die Schneeflucht auf", so argumentierte er. Das hat gewirkt.

Ganz anders lief es beim Jodlbauer. Der Zaun durfte nicht angetastet werden, also musste die Alm gebaut werden. Obwohl an derselben Stelle schon einmal eine Hütte stand, sollte anfangs nur ein Stall genehmigt werden, denn für die Senner gab es ja einen Schlafraum auf der höher gelegenen Wildfeldalm. Das sei nicht zumutbar, meinte der Bauer, denn es muss ja auch bei der Nacht nach dem Vieh geschaut werden. Schließlich, nach einigen Diskussionen um die Länge der Hütte, einigte man sich 1997 und bekam auch die Baugenehmigung. In einem gemeinsamen Kraftakt wurde das neue Almgebäude innerhalb eines Sommers so gut wie fertiggestellt. Sie ist der alten, denkmalgeschützten Wildfeldalm gestalterisch angeglichen und schon im Jahr darauf, 1999, konnten die Tiere Einzug halten. Seither sind wieder Sennerinnen auf der Alm, auch die Familie kommt gern herauf. Die Enkel haben eine Freud damit, sie sind schon die Almerer in spe, so schaut es jedenfalls aus. Und der Jodlbauer sagt abschließend: „Wir wollen die Almwirtschaft für die Zukunft erhalten, schließlich sind wir doch bloß Verwalter da herunten auf Erden." ■

Kapelle auf der Hofbauernalm

Helmut Silbernagl †

Dem langjährigen Leiter des Landwirtschaftsamtes in Miesbach lag die Almwirtschaft seit seiner Praktikantenzeit als „Schweizer" ganz besonders am Herzen. 35 Jahre war er Geschäftsführer beim Almwirtschaftlichen Verein Oberbayern und durch sein Wirken in zahlreichen weiteren Gremien konnte er mit hoher Sachkompetenz und Beharrlichkeit, mit geschickter Taktik und Raffinesse immer wieder Verbesserungen für die Almbauern durchsetzen und tragfähige Kompromisse schließen. Bei vielen Almexkursionen und Vorträgen, sowie mit unzähligen Veröffentlichungen (39 Jahre Schriftleiter bei der Zeitschrift „Der Almbauer"), zog er Zuhörer und Leser in seinen Bann. Die Kunst des Redens und des Erzählens, der unverwechselbare Schreibstil, die Art der Überbringung von Informationen und die Begabung, sein unermessliches Wissen mit viel Humor und einem Schuss Ironie zu garnieren, das war es, was alle faszinierte. ■